Selbstoptimierende und bedarfsgerechte Steuerungsstrategien für Werkzeugmaschinen zur Steigerung der Energieeffienz

Von der Fakultät für Maschinenwesen
der Rheinisch-Westfälischen Technischen Hochschule Aachen
zur Erlangung des akademischen Grades eines
Doktors der Ingenieurwissenschaften
genehmigte Dissertation

vorgelegt von

José Luiz Bittencourt

Berichter:

Univ.-Prof. Dr.-Ing. Robert Heinrich Schmitt
Univ.-Prof. Dr.-Ing. Christian Brecher

Tag der mündlichen Prüfung: 17. Dezember 2012

José Luiz Bittencourt

Selbstoptimierende und bedarfsgerechte Steuerungsstrategien für Werkzeugmaschinen zur Steigerung der Energieeffienz

RWTH AACHEN UNIVERSITY

Bibliografische Information der Deutschen Nationalbibliothek
Die Deutsche Nationalbibliothek verzeichnet diese Publikation in der Deutschen Nationalbibliografie; detaillierte bibliografische Daten sind im Internet über http://dnb.ddb.de abrufbar.

José Luiz Bittencourt:

Selbstoptimierende und bedarfsgerechte Steuerungsstrategien für Werkzeugmaschinen zur Steigerung der Energieeffienz

1. Auflage, 2013

Gedruckt auf holz- und säurefreiem Papier, 100% chlorfrei gebleicht.

Apprimus Verlag, Aachen, 2013
Wissenschaftsverlag des Instituts für Industriekommunikation und Fachmedien an der RWTH Aachen
Steinbachstr. 25, 52074 Aachen
Internet: www.apprimus-verlag.de, E-Mail: info@apprimus-verlag.de

Druck: KN Digital Printforce GmbH, Stuttgart

ISBN 978-3-86359-107-6

D 82 (Diss. RWTH Aachen University, 2012)

À minha mãe.
Meiner Mutter gewidmet.
(In memoriam)

Vorwort

Diese Arbeit entstand während meiner Tätigkeit als Doktorand bei der Firma Bosch Rexroth AG in der Zentralabteilung für Vorausentwicklung Steuerungs- und Regelungstechnik in Lohr am Main.

Herrn Prof. Dr.-Ing. Robert Schmitt, dem Inhaber des Lehrstuhls für Fertigungsmesstechnik und Qualitätsmanagement an der Rheinisch-Westfälischen Technischen Hochschule Aachen, danke ich herzlich für die Betreuung und für die Möglichkeit der Promotion, obwohl ich einen großen Teil meiner Arbeit nicht in Aachen realisiert habe.

Meinen Betreuern Dr.-Ing. Ralf Bonefeld und Dr.-Ing. Jens Brühl sowie meinen Kollegen Günter Herteux, Henno Buschmann, Jan Konsta, Mathias Münzberg, Günther Landgraf, Ricardo Grützmacher und Ahsan Saleh Al-Habal gilt mein Dank für die Freundschaft und die professionelle Zusammenarbeit bei Bosch Rexroth.

Für die Durchsicht meines Manuskriptes möchte ich mich bei Ralf Bonefeld, Alexandre Orth, Henno Buschmann und Mathias Münzberg bedanken.

Ein herzlicher Dank geht an meinen Aachener Freunde Guilherme Mallmann, Alexandre Orth, Alberto Pavim und André Wilbert.

Mein besonderer Dank gilt meiner ganzen Familie, insbesondere meinen Eltern, meinen Schwestern und meiner Frau, die mich mit Rücksichtnahme und Unterstützung während der Erstellung dieser Arbeit von nah und fern begleitet haben.

Rio de Janeiro, im Januar 2013.

José Luiz Bittencourt

Inhaltsverzeichnis

Abbildungsverzeichnis

Tabellenverzeichnis

Formelzeichen und Abkürzungen

Symbol	Einheit	Beschreibung
α_U		Leistungsfaktor
ΔE	J	Energieverbrauch
ΔT	s	Dauer
$\Delta T_{\text{Break-Even}}$	s	Break-Even-Zeit
ΔV	l	Ladungs- bzw. Entladungsvolumen
ϵ	ms	Zeitverschiebung
$\hat{\sigma}$		Schätzwert für die Standardabweichung
$\mathrm{k_P}$		Progressivitätsgrad
μ		Mittelwert
ω_i		Operation
Ω_j		Menge von Operationen
Φ		Gruppe von Aufzeichnungen
ϕ_j		Fragmentierungsrate
σ^2		Varianz
σ_D		Dauerfestigkeit
σ_j		Zustand
θ_k		Transition
$\tilde{t}$	ms	Zentralwert eines Zeitpunkts
A		aufzuzeichnete Matrix
$A_{\max}$	m/s^2	maximale Beschleunigung
D		Schadensumme
E_{eff}		Energieeffizienz
f_s	Hz	Abtastrate
$J_{\max}$	m/s^3	maximaler Ruck
K_i		Menge von Steuerparametern
k_{Pp}	W/bar	Leistungsfaktor
k_{pV}	bar/l	Druckfaktor
$n_{\max}$	ms	diskrete Signaldauer
n_i		Schwingspielzahl
P	W	Leistung
P		relative Häufigkeit
p	bar	Druck
$P_{\varnothing}$		durchschnittliche relative Häufigkeit
P_i		Menge von konstanten Leistungsaufnahmen
P_{GL}	W	Grundlast
Q	l/min	Volumenstrom
S		Signal
S_i		Betriebszustand
$s_{i,j}$		aufgezeichnetes Signal
T_{Ab}	ms	Abtastperiode

Symbol	**Einheit**	**Beschreibung**
T_i		Transition
t_{b_j}	s	Zeitpunkt am Beginn
t_{e_j}	s	Zeitpunkt am Ende
$V_{\max}$	mm/min	maximale Geschwindigkeit
CAM		*Computer-aided Manufacturing*
CNC		*Computerized Numerical Control*
DC		*Direct Current*
DCOM		*Distributed Component Object Model*
DFG		Deutsche Forschungsgemeinschaft
ERP		*Enterprise Resource Planning*
HMI		*Human-Machine Interface*
IEA		*International Energy Agency*
IP		*Internet Protocol*
IPC		Industrie-PC
KSS		Kühlschmierstoff
MDI		*Manual Data Input*
MES		*Manufacturing Execution System*
NC		*Numerical Control*
OCM		Operator-Controller-Modul
OEM		*Original Equipment Manufacturer*
OLE		*Object Linking and Embedding*
OPC		*OLE for Process Control*
OPC-UA		*OPC Unified Architecture*
PROFINET		*Process Field Network*
RAVEL		Rationelle Verwendung von Elektrizität
SERCOS		*Serial Realtime Communication* (digitaler Antriebsfeldbus)
SO		Selbstoptimierung
SPS		Speicherprogrammierbare Steuerung
TCO		*Total Cost of Ownership*
UML		*Unified Modeling Language*
USP		*Unique Selling Proposition*
VDMA		Verband Deutscher Maschinen- und Anlagenbau e.V.
WSW		Werkstückwechsel
WZM		Werkzeugmaschine
WZW		Werkzeugwechsel
XML		*Extensible Markup Language*
XSD		*XML Schema Definition*

Kapitel 1

Einleitung

Der nachhaltige Umgang mit Energie, d.h. ihre Speicherung, ihr Transport und die Umwandlung von einer Energieform in eine andere, ist eine der wichtigsten wirtschaftlichen und ökologischen Herausforderungen der nächsten Jahrzehnte.

In Bezug auf den ökonomischen Aspekt ist darauf hinzuweisen, dass die *Energiepreise* der wachsenden *Energienachfrage* entsprechend steigen. Gleichzeitig wird die Energienachfrage von der wachsenden Weltbevölkerung beeinflusst. In ökologischer Hinsicht zeigt der erkannte Zusammenhang zwischen der Nutzung von fossilen *Energiequellen* und der globalen Erwärmung, dass der gegenwärtige Umgang mit Energie nicht nachhaltig ist. Daraus lassen sich zwei Strategien zur Verbesserung der aktuellen Situation ableiten: Mehr erneuerbare statt fossiler Energiequellen nutzen sowie den *Energieverbrauch* reduzieren.

Von allen möglichen Maßnahmen zur Minderung des Energieverbrauchs ist die Steigerung der *Energieeffizienz* der größte und fast unumstrittene Teil der Lösung, die unseren Erwartungen in Richtung globaler Nachhaltigkeit entspricht [Gos10]. Aus diesem Grund spielt die Energieeffizienz in der *Energiepolitik* von Regierungen und Unternehmen eine immer wichtigere Rolle.

Laut der Internationalen Energieagentur (IEA) verbrauchte die Industrie im Jahr 2009 weltweit, neben dem Verkehr und weiteren Verbrauchern, ca. 30 Prozent der gesamten erzeugten Energie (siehe Abbildung 1.1). Bezieht man sich nur auf die elektrische Energie, betrug der Anteil der Industrie ca. 40 Prozent des Gesamtverbrauchs. In Deutschland entspricht dieser Anteil sogar 44 Prozent des Stromverbrauchs [Ene11].

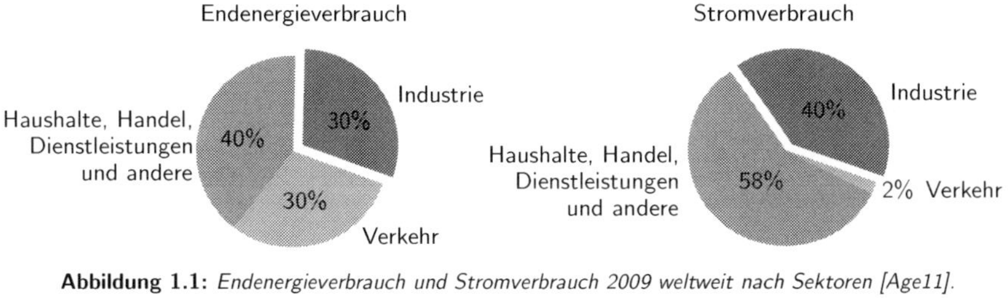

Abbildung 1.1: *Endenergieverbrauch und Stromverbrauch 2009 weltweit nach Sektoren [Age11].*

Im Rahmen des industriellen Stromverbrauchs spielen Werkzeugmaschinen eine wichtige Rolle, da die Wandlung in mechanische Arbeit bei diesen Maschinen fast immer direkt oder indirekt aus elektrischer Energie erfolgt. In Branchen, wo der Einsatz von Werkzeugmaschinen typisch ist, wie in der Metallbearbeitung, dem Fahrzeugbau und dem Maschinenbau, entsprach die Summe des Stromverbrauchs 2008 in Deutschland ca. 19 Prozent (45 TWh) des gesamten industriellen Stromverbrauchs [Umw12].

Ausgehend von diesem bemerkenswerten Energieverbrauch und im Rahmen der Erhebung „Modernisierung der Produktion 2009“ wurden bei einer Studie vom Fraunhofer-Institut für System- und

Innovationsforschung rund 1.500 Betriebe des verarbeitenden Gewerbes hinsichtlich ihres geschätzten Energieeinsparpotenzials in der Produktion befragt. Insgesamt zeigten die Ergebnisse, dass ihr vorhandenes Energieeinsparpotenzial durchschnittlich 15 Prozent beträgt. Während energieintensive Branchen ein Einsparpotenzial von im Prinzip weniger als 10 Prozent schätzen, behauptet mehr als die Hälfte der Betriebe aus dem Fahrzeugbau und dem Maschinenbau, dass eine Energieeinsparung von mehr als 10 Prozent möglich ist [SWB09].

Nach der Entscheidung der Europäischen Kommission im Jahr 2009, im Rahmen der Ökodesign-Richtlinie 2009/125/EG, Werkzeugmaschinen auf die Liste der untersuchten Produkte zu stellen, hat der europäische Verband der Werkzeugmaschinenindustrie (CECIMO) ein Konzept zur Selbstregulierung der Branche in Bezug auf Energieeffizienz vorgelegt. Grund dafür war nicht nur die politische Entscheidung, sondern auch die Tatsache, dass das Thema Energieeffizienz bei ihren Kunden immer mehr an Bedeutung gewinnt.

In Tabelle 1.1 sind die jährlichen Betriebskosten einer Werkzeugmaschine nach der COSTRA Studie dargestellt [ASSR11]. Werkzeug-, Personal- und Gemeinkosten wurden nicht berücksichtigt. Die aufgelisteten Kosten verteilen sich auf die Gesamtbetriebsphase einer Werkzeugmaschine über einen Zeitraum von zehn Jahren. Verglichen zu einer Investition von 100.000 € entstehen fast 80 Prozent der Kosten in der Betriebsphase, wobei die Energiekosten allein 21 Prozent der Betriebskosten betragen.

Tabelle 1.1: *Verteilung der jährlichen Betriebskosten einer Werkzeugmaschine [ASSR11].*

	Kostenanteil [%]	**jährlicher Betrag [€]**
Wartung und Inspektion	37	14.430
Energie	**21**	**8.190**
Kühlschmierstoff	16	6.240
Kapitalbindung	8	3.120
ungeplante Instandsetzung	8	3.120
Raum	6	2.340
Druckluft	3	1.170
Summe	99	38.610

Mit diesem Anteil stellt der Energieverbrauch einen wesentlichen Faktor der Lebenszykluskosten von Werkzeugmaschinen dar. Je höher die Energiepreise steigen, desto stärker wirken sie sich auf die im Rahmen der *Total Cost of Ownership* (TCO) ermittelten Gesamtkosten für eine Maschine oder Anlage aus. Die Steigerung der Energieeffizienz von Werkzeugmaschinen ist daher ein weiterer wichtiger Faktor für die Senkung der Produktionskosten.

Infolgedessen hat eine vom VDMA (Verband Deutscher Maschinen- und Anlagenbau e.V.) beauftragte Studie gezeigt, dass die Steigerung der Energieeffizienz bis 2019 ein zentraler Differenzierungsfaktor (*Unique Selling Proposition*, USP) im Markt wird [HB09]. Energieeffizienz entwickelt sich neben Produktivität, Qualität und Verfügbarkeit immer mehr zu einem strategischen Wettbewerbsfaktor.

Betrachtet man hierzu die einzelnen Maßnahmen zur Steigerung der Energieeffizienz, bilden die Automatisierung und Steuerung, zusammen mit den industriespezifischen Lösungen, der Wärmerückgewinnung und den effizienten Antrieben, die Wachstumskerne im Bereich Maschinen- und Anlagenbau. Allein das Marktvolumen der Automatisierung und Steuerung wird laut einer Studie von McKinsey [HH09] bis 2020 um jährlich fünf Prozent wachsen und sich im letzten Jahr auf 30 Mrd. € belaufen. Die Automatisierungs- und Regelungstechnik wird vor allem aufgrund von zwei Entwicklungen eine zunehmend wichtigere Rolle spielen:

- Präzision und Geschwindigkeit können die Energieeffizienz unmittelbar beeinflussen und

- die Kundenpräferenzen erfordern immer mehr angepasste, spezifisch zugeschnittene Produkte, die nur durch eine entsprechende Automatisierungstechnik mit geringer Ressourcenverschwendung zu produzieren sind.

Vor allem die sich wandelnden Kundenpräferenzen erfordern flexible Produktionsmaschinen und -anlagen, wie die Universal-Werkzeugmaschinen [Ita11]. Diese Maschinen sind dynamische Systeme und sollen sich schnell auf zukünftigen Bearbeitungsaufgaben anpassen lassen. Dennoch wird die gewünschte Flexibilität im Betrieb oft in der Konstruktionsphase durch Überdimensionierung auf Kosten der Energieeffizienz erreicht. Für eine nachhaltige Effizienz der Maschine ist es notwendig, dass eine energiegerechte Steuerung, mit Hilfe einer Online-Optimierung, das energetische Verhalten der Maschine kontinuierlich an die sich ändernden Bedingungen im Betrieb anpasst.

Vor dem Hintergrund dieser Herausforderungen werden im Rahmen dieser Arbeit Methoden und systematische Lösungsansätze untersucht und bereitgestellt, die eine Selbstoptimierung von universellen Werkzeugmaschinen hinsichtlich der Energieeffizienz sowohl auf der Komponenten- als auch auf der Maschinenebene ermöglichen. Selbstoptimierende Systeme besitzen die Fähigkeit, autonom und flexibel auf sich ändernde Umweltbedingungen, Eingriffe des Benutzers oder Einwirkungen des Systems zu reagieren. Um dies zu realisieren, muss zunächst die Ist-Situation des Systems analysiert werden. Daraus abgeleitet werden Systemziele bestimmt und letztendlich das Systemverhalten angepasst.

Kapitel 2

Stand der Technik energieeffizienter Werkzeugmaschinen

In diesem Kapitel werden die vorhandenen Technologien zur Gestaltung von energieeffizienten Werkzeugmaschinen zusammengefasst. Nach einem kurzen Überblick über die Definition des Begriffs „Energieeffizienz", die eine wesentliche Rolle in dieser Arbeit spielt, werden die einzelnen energetisch relevanten Bestandteile von modernen Werkzeugmaschinen dargestellt sowie die verfügbaren Ansätze zur Steigerung der Energieeffizienz und die Potenziale der modellbasierten Steuerungstechnik präsentiert. Das Fazit zum Stand der Technik fasst die Aussagen aus Sicht dieser Arbeit zusammen, stellt die bestehenden Defizite dar und leitet über zur Zielsetzung in Kapitel 3.

2.1 Verwendung und Definition des Begriffs „Energieeffizienz"

Der Begriff *Energieeffizienz* wird insbesondere in Europa seit einigen Jahren extensiv verwendet. Das liegt vor allem daran, dass neben den steigenden Energiepreisen auch gesetzliche Anstrengungen der europäischen Kommission einen rationellen Einsatz von Energie zunehmend fordern. Dennoch ist der Begriff *Energieeffizienz* sehr facettenreich und soll für die weitere Verwendung im Rahmen dieser Arbeit einheitlich definiert werden.

In der Literatur werden Begriffe oft durch Beispiele erläutert und begrenzt. Nach *Pehnt* [Peh10] bedeutet Energieeffizienz:

> „ [...] den Energieeinsatz in ein System zur Erbringung der Dienstleistung zu reduzieren. Dieses System kann ein Energiewandler sein, beispielsweise ein Fahrzeug oder ein Heizkessel, aber auch ein Gebäude, eine Firma oder eine gesamte Ökonomie."

In Abbildung 2.1 wird zwischen *Energieeffizienz* und *Energiesparen* unterschieden. Während die Energieeffizienz stark mit dem resultierenden Wirkungsgrad aller Wandlungsprozesse zusammenhängt und somit dem Energiesparen dient, kann erst die Kombination von Energieeffizienz und Verzicht auf Nutzung zu einer größeren Einsparung führen.

Eine andere Definition von *Energieeffizienz* findet man in [MELJ09]:

> „Energieeffizienz heißt, einen gewünschten Nutzen (Produkte oder Dienstleistungen) mit möglichst wenig Energieeinsatz herzustellen oder aus einem bestimmten Energieeinsatz möglichst viel Nutzen zu ziehen."

Grundsätzlich gilt: Energieeffizienz kann sowohl durch die Reduzierung des Energieeinsatzes als auch durch die Erhöhung des Nutzens bei konstantem Energieverbrauch gesteigert werden. Eine Steigerung der Produktivität bei gleichbleibendem Energieverbrauch kann im Prinzip also zugunsten der Energieeffizienz sein.

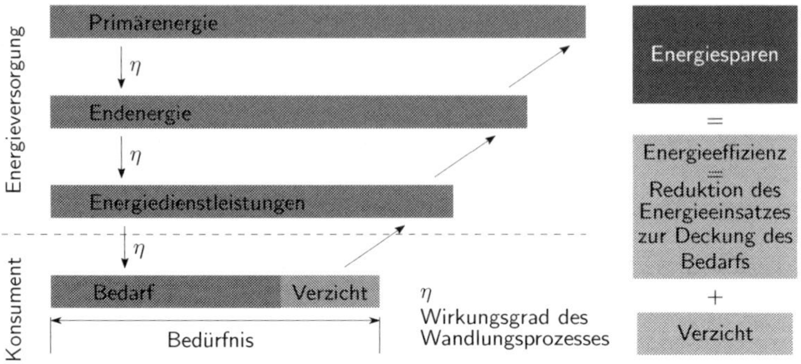

Abbildung 2.1: *Energiesparen und Energieeffizienz in Anlehnung an Pehnt [Peh10].*

Wesselak und *Schabbach* definieren Energieeffizienz als die Summe aller Maßnahmen, die den Energieeinsatz ohne Verminderung des Nutzens reduzieren können:

> „Der Begriff der Energieeffizienz bezeichnet die rationelle Verwendung von Energie. Ziel von Energieeffizienzmaßnahmen ist die Reduktion des Gesamtenergiebedarfs von Prozessen durch Herabsetzung der quantitativen und qualitativen Verluste, die im Einzelnen bei der Wandlung, dem Transport und der Speicherung von Energie auftreten. Energieeffizienz umfasst alle Maßnahmen, um den gleichen (energetischen) Nutzen bei sinkendem Primärenergieeinsatz zu erreichen." [WS09]

Etwas kompakter, aber auch umfangreicher, ist die Definition von *Henzelmann* und *Büchele*:

> „Energieeffizienz, die kluge Gewinnung, Umwandlung und intelligente Nutzung von Energie, [...]" [HB09]

Betrachtet man vor allem die Nutzung und Umwandlung von Energie, kann man Energieeffizienz letztendlich als den Quotient zwischen dem Nutzen und dem energetischen Aufwand definieren

$$E_{\text{eff}} = \text{Nutzen}/E_{\text{Aufwand}} \tag{2.1}$$

wobei der Nutzen sich auf eine Energiedienstleistung bezieht, welche nicht immer quantitativ dargestellt werden kann. Laut *Patterson* [Pat96] können mehrere Indikatoren benutzt werden, um eine Variation der Energieeffizienz zu erkennen. Diese Indikatoren ermöglichen eine quantitative Darstellung des Nutzens und gehören grundsätzlich zu vier Hauptgruppen:

Thermodynamisch: Diese sind Indikatoren der Energieeffizienz, welche ausschließlich auf Messungen basieren, die aus der Thermodynamik abgeleitet sind (z. B. Enthalpie bzw. Entropie).

Physikalisch-thermodynamisch: Diese sind hybride Indikatoren, in denen der Energieeinsatz (Eingang bzw. Aufwand) als thermodynamische Größe dargestellt wird und der Ausgang (Nutzen) mit Hilfe einer physikalischen Einheit gemessen wird. Bei einem Lastkraftwagen könnte man z. B. seine Energieeffizienz in Form von Tonnen-Kilometer (gefahrene Last) pro eingesetzter Energie berechnen.

Ökonomisch-thermodynamisch: Diese sind auch hybride Indikatoren, bei denen die abgegebene Leistung (Ausgang bzw. Nutzen) des Prozesses mit Hilfe von Marktpreisen dargestellt werden (z. B. in Euro). Der Energieeinsatz (Eingang bzw. Aufwand) wird, genau wie bei den vorherigen Indikatoren, in einer thermodynamischen Einheit gemessen.

Ökonomisch: Diese Indikatoren messen Änderungen der Energieeffizienz ausschließlich in Form von Marktwerten. Sowohl Aufwand als auch Nutzen werden beispielsweise in Euro dimensioniert.

2.1.1 Der Rebound-Effekt

Energieeffizienz bedeutet nicht immer eine Reduzierung des Gesamtenergieverbrauchs. Laut *Madlener* und *Alcott* [MA07, MA06] wird ein Anteil der möglichen Energieeinsparung nicht für die Reduzierung des Energievebrauchs benutzt, sondern in die Steigerung der Produktivität eingesetzt und kann sogar zu mehr Gesamtenergieverbrauch führen. Dieses Verhalten wird als Rebound-Effekt bezeichnet, wobei Rebound definiert werden kann als:

> „Der Anteil der (aus Ingenieurssicht erzielbaren) Energieeinsparungen, der nicht für die tatsächliche Reduktion des Energieverbrauches zur Verfügung steht [...]" [MA06]

Gegen diesen negativen Effekt schlagen *Madlener* und *Alcott* [MA07] ergänzende Maßnahmen vor, „[...] wie beispielsweise der Einsatz marktbasierter Instrumente (Energiesteuern, handelbare Zertifikate in Kombination mit Emissionslimits)", um eine tatsächliche Reduzierung des Gesamtenergieverbrauchs zu erreichen. *Greening et al.* [GGD00] zeigen anhand empirischer Werten, dass die Verbesserungen industrieller Verwendung von Treibstoff eine leichte Steigerung der Produktion verursachen. Der untersuchte Reboud-Effekt wirkt jedoch nicht ausreichend, um die Wichtigkeit der Energieeffizienz bei der Reduzierung des Gesamtenergieverbrauchs und somit der CO_2-Emissionen zu mildern [GGD00, UVM].

2.1.2 Verwandte Begriffe

Der Begriff *Energieeffizienz* wird manchmal als Synonym für Wirkungsgrad oder Energieproduktivität verwendet. Obwohl ein starker Zusammenhang zwischen diesen Begriffen besteht, sind die Bedeutungen verschieden. Beschreibungen von wichtigen verwandten Begriffen werden im Folgenden aufgelistet:

Effektivität: Effektivität bezeichnet allgemein, wie gut ein vordefiniertes Ziel unter Einsatz aller möglichen Mittel erreicht wird.

Effizienz: Effizienz erweitert den Begriff Effektivität mit der zusätzlichen Bedingung, dass möglichst wenige Mittel eingesetzt werden.

Energieproduktivität: Energieproduktivität ist eine wirtschaftliche Kennzahl, die aus dem Quotient zwischen dem Bruttoinlandsprodukt und dem Primärenergieverbrauch besteht.

Wirkungsgrad: Als Wirkungsgrad η wird der Quotient aus einer nutzbaren abgegebenen Leistung und einer zugeführten Leistung bezeichnet. Der Wirkungsgrad ist damit eine „Blitzlicht-Aufnahme" eines Umwandlungsprozesses zu einem gegebenen Zeitpunkt [Peh10].

Nutzungsgrad: Der Nutzungsgrad ist ein mittlerer Wirkungsgrad über längere Zeiträume; in der Regel ein Jahr. Ein elektrischer Nutzungsgrad ist beispielsweise der Quotient aus der innerhalb eines Jahres erzeugten Strommenge eines Kraftwerks und der über ein Jahr zugeführten Brennstoffmenge. Verluste durch Stillstand und Leerlauf oder Anfahr- und Abfahrvorgänge sind im Nutzungsgrad enthalten [Peh10].

2.2 NC-gesteuerte Werkzeugmaschinen

Werkzeugmaschinen sind Maschinen, die der Bearbeitung von Werkstücken mit Werkzeugen dienen. Sie werden genauer definiert als:

> „[...] mechanisierte und mehr oder weniger automatisierte Fertigungseinrichtungen, die durch relative Bewegungen zwischen Werkzeug und Werkstück eine vorgegebene Form oder Veränderung am Werkstück erzeugen.“ [Wec05a]

Unter NC-gesteuerten Werkzeugmaschinen werden Maschinen verstanden, welche ihre Arbeits- und Vorschubbewegungen (Hauptspindel bzw. Vorschubachsen) automatisch und programmierbar mit Hilfe einer numerischen Steuerung (NC-Steuerung) realisieren [Wec05a].

In den nächsten Abschnitten werden die Anforderungsschwerpunkte, sowie einzelne energetisch relevante Bestandteile von modernen Werkzeugmaschinen dargestellt.

2.2.1 Funktionale Eigenschaften und Anforderungen

Seit langem werden an Werkzeugmaschinen nicht mehr nur höchste Anforderungen bezüglich der Durchführung des technologischen Verfahrensablaufs gestellt. Neben allen behördlichen Vorschriften, vor allem wegen sicherheitsrelevanter Aspekte, werden auch Maßnahmen zum rationellen Einsatz von Werkzeugmaschinen ergriffen, die eine wirtschaftliche Arbeitsweise (Anforderungen an Steuerung und Organisation) der Werkzeugmaschinen sicherstellen [Wec05a].

Zusammengefasst werden die Anforderungsschwerpunkte bei Werkzeugmaschinen, die bisher ihre Gestaltung beeinflusst haben [Wec05a, Per08]:

- geometrische und kinematische Genauigkeit bei statischer, dynamischer und thermischer Belastung,
- Festigkeitsverhalten stark belasteter Maschinenteile (insbesondere bei Umformmaschinen),
- hoher Automatisierungsgrad der Maschinenfunktionen einschließlich des Materialflusses,
- Aufgabenerfüllung bei hoher Prozesssicherheit und Sicherheit der Gesamtanlage (z. B. Europäische Maschinenrichtlinie 2006/42/EG),
- umbaufreundlich, erweiterbar und konfigurierbar,
- Umweltverhalten (Geräusche, Staub, aggressive Medien).

Allerdings wird heute, mit der verstärkten Aufmerksamkeit auf Energieeffizienz in der Industrie, auch der Energieverbrauch ein immer wichtigerer Anforderungsschwerpunkt. Durch neue bauliche Maßnahmen, wie dem Einsatz von effizienteren Komponenten oder zur elektronischen Steuerung unter Berücksichtigung der Energieeffizienz, werden die Werkzeugmaschinen in Zukunft sicherlich anders entworfen und gebaut [NWR+10, AKR10a, BBK+09, ESA11, ZLHK11, MFIO11, BGBG11, ESA11, HQ10].

2.2.2 Klassifikation und Gruppierung von Energieverbrauchern

Es gibt verschiedene Klassifikationen für Energieverbraucher von Werkzeugmaschinen. Laut *Brecher et al.* [BBK+09] sind Spindeln und Vorschubachsen zusammen mit ihren Antrieben die wichtigsten Verbraucher einer Werkzeugmaschine. Andere relevante Verbraucher sind die Hilfsaggregate zur Mediumversorgung (z. B. Hydraulik-, Kühlungs- und Kühlschmierstoff-Komponenten). Nach diesem Konzept kann man grundsätzlich zwei Verbrauchergruppen definieren: Antriebe und Nebenaggregate. Eine einfache Monitoring-Anwendung, welche die Verbraucher in diese zwei Gruppen eingeteilt, wurde in [BLB+10] präsentiert.

Antriebe gelten als die größten Energieverbraucher während der Produktionszeit. Sie sind für die Logistik des Prozesses und für die Formgebung des Werkstücks verantwortlich. Eine andere Klassifikation verteilt die Antriebe in drei Kategorien [GKK+10]: Hauptantriebe, Nebenantriebe und Hilfsantriebe. In der Gruppe der Hilfsantriebe findet man verschiedene Pumpen. Das ist jedoch eine ungewöhnliche Klassifikation, weil Pumpen, wegen ihrer funktionellen Ziele und Positionierung in der Maschine, häufig zu der Gruppe der Nebenaggregate gehören. Nebenaggregate bestehen größtenteils aus Hilfsantrieben und andere Maschinenkomponenten, welche sowohl Maschinenoperationen als auch die Logistik und die Beherrschung des Prozesses unterstützen. Beispiele von Nebenaggregaten sind Kühlsysteme, Hydraulikaggregate, und Aggregate zur Versorgung von Kühlschmierstoff. Messungen von Leistungsaufnahmen und Energiebilanzen dieser Maschinenkomponenten wurden in [AKR10b, GDT06, BHH+10] präsentiert.

In [NWR+10] wird zwischen Haupt- und Nebenantrieben unterschieden (z. B. Spindel bzw. Vorschubachsen). Andere Verbraucher werden der Peripherie zugeordnet. Die Last, welche den Energieverbrauch verursacht, wird in Grund- und Betriebslast aufgeteilt, aber der Energiebedarf selbst kann als Primär- oder Sekundärbedarf klassifiziert werden. Während der Primärbedarf eine Folge der Wertschöpfung ist, hängt der Sekundärbedarf nicht unmittelbar mit der Formung des Werkstücks zusammen, sondern mit der Unterstützung des Prozesses. Ein Sankey-Diagramm basierend auf der Klassifikation von *Neugebauer et al.* ist in Abbildung 2.2 dargestellt.

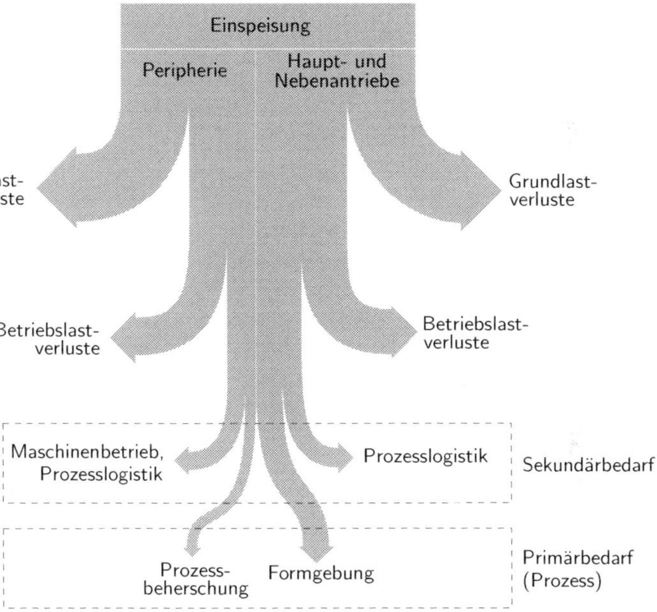

Abbildung 2.2: *Qualitative Energiebilanz einer Werkzeugmaschine basierend auf [NWR+10].*

2.2.3 Energie verbrauchende Maschinenkomponenten

Die Wandlung in mechanische Arbeit erfolgt heute bei Werkzeugmaschinen fast immer direkt oder indirekt aus elektrischer Energie. Damit ist die energetische Betrachtung des elektrischen Bedarfs der Werkzeugmaschinen ohne Zweifel sehr repräsentativ in der gesamten energetischen Bilanz einer Werkzeugmaschine.

Der elektrische Energiebedarf einer Werkzeugmaschine beruht auf der Summe der individuellen Antriebskomponenten und verschiedenen anderen Komponenten. Energieverbrauchsanalysen zeigen hauptsächlich, dass die benötigte Energie zur Spanbildung im Vergleich zur Summe des gesamten Energieverbrauchs aller Komponenten einer Werkzeugmaschine ziemlich klein sein kann [DG04, GDT06, DRD11, LZKH11, NWR+10, Sch09, AKR10a] (wie in Abbildung 2.2 gezeigt ist).

In Abbildung 2.3 ist der elektrische Verbrauch von Komponenten einer typischen Werkzeugmaschine dargestellt. Gezeigt werden nur Komponenten, welche Teil der Maschinengrundlast sind und im betriebsbereiten Zustand Energie verbrauchen. Sie weisen ein hohes Energiesparpotenzial auf, denn sie sind während Betriebspausen in der Regel abschaltbar oder können durch konstruktive Maßnahmen effizienter gestaltet werden. Die jeweiligen Einsparpotenziale variieren jedoch zwischen unterschiedlichen Werkzeugmaschinen und Betriebsarten.

In den folgenden Abschnitten werden einzelne Komponenten vorgestellt, welche bei den meisten Maschinenausstattungen Anwendung finden. Auch ein Überblick über Forschungs- und Entwicklungsaktivitäten zur Steigerung der Energieeffizienz der Maschinenkomponenten wird gegeben.

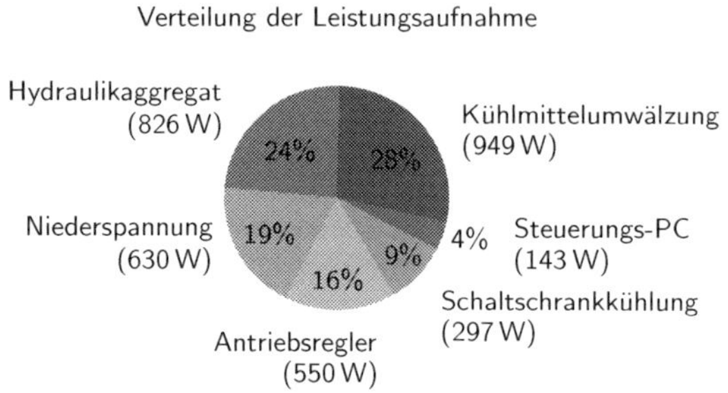

Abbildung 2.3: *Durchschnittliche elektrische Leistungsaufnahme der einzelnen Komponenten eines 4-achsigen Bearbeitungszentrums im betriebsbereiten Zustand [AKR10b].*

Hauptspindel

Hauptspindeln von Werkzeugmaschinen sind für die tatsächliche Spanbildung zuständig und müssen bei modernen Werkzeugmaschinen sehr hohe Anforderungen erfüllen. Sie besitzen Drehzahlbereiche von bis zu 30.000 min^{-1} mit einem Drehmoment von 20 bis 750 Nm und können eine Leistung von bis zu 120 kW aufweisen. Darüber hinaus müssen Hauptantriebe sehr dynamisch sein (5 bis 500 ms auf Nenndrehzahl) [Wec05b]. Alle diese Anforderungen weisen auf ein sehr flexibles und umfangreiches Nutzungsprofil hin. Das Ergebnis ist ein komplexes System, das nicht nur aus einem Elektromotor und den entsprechenden mechanischen Elementen besteht, sondern auch aus der Zusammenarbeit von verschiedenen Aggregaten, die u.a. der Kühlung, der Reinigung und dem Lösen des Werkzeugkegels während des Werkzeugwechsels dienen. Aus diesem Grund ist die Hauptspindel für einen großen Teil des Energieverbrauchs einer Werkzeugmaschine verantwortlich. Demzufolge richten verschiedene Forschungsprojekte besondere Aufmerksamkeit auf die Effizienzsteigerung von Hauptspindeln [ASKS08, ASSR11, AX11].

Vorschubachsen und andere Antriebe

Vorschubachsen sind die Achsen, welche eine relative Bewegung für die Zerspanung ausführen. Durch die Überlagerung der einzelnen Achsbewegungen entsteht eine Werkzeugbewegung entlang der programmierten Werkstückkontur [Wec06b].

Wegen ihrer Funktion, Komplexität und ihres Energiebedarfes, sind Vorschubachsen das gebräuchliche Beispiel für elektrisch angetriebene Achsen in Werkzeugmaschinen. Eine Vorschubachse besteht aus mehreren Teilsystemen, wie Servomotoren, Messsysteme, mechanische Übertragungselemente und Antriebsregelgerät. Dieser typische Aufbau ist in der Abbildung 2.4 schematisch dargestellt.

Über die externe Schnittstelle bekommt das Antriebsregelgerät zyklische Lagesollwerte von der NC-Steuerung mitgeteilt und regelt entsprechend den Servomotor, um die angegebene Position zu erreichen. Die Einstellung des Regelkreises im Antriebsregelgerät ist ein Faktor, welcher den Energieverbrauch beeinflussen kann. Es ist aber nicht üblich, diese Einstellung während der Durchführung eines Vorgangs zu ändern.

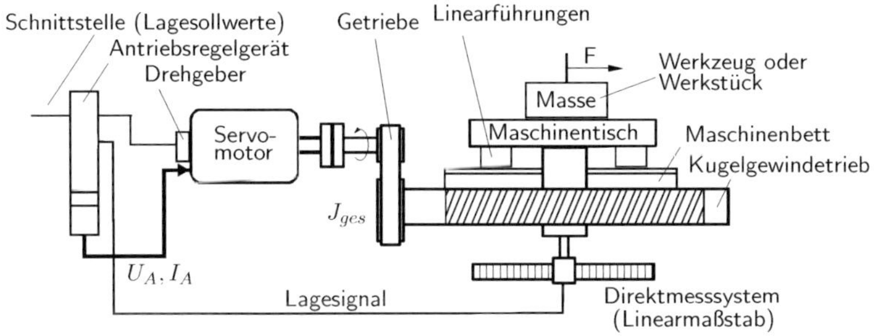

Abbildung 2.4: *Schematischer Aufbau einer linearen Vorschubachse mit ihren Komponenten [Wec06b].*

Ein Umrichter im Antriebsregelgerät versorgt den Servomotor, der über eine Kupplung und/oder einen Zahnriemen eine Gewindespindel antreibt. Die Kugelrollspindelmutter wandelt die rotatorische Bewegung der Gewindespindel in eine translatorische Bewegung des Maschinentisches um.

Die Ist-Position (Regelgröße) kann durch die Winkellage des Motors über einen Drehgeber indirekt erfasst werden. Durch die ungünstigen Eigenschaften der mechanischen Umwandlungsgetriebe, wie Spiel und Elastizität, wird für eine erhöhte Genauigkeit die Position auch direkt über lineare Längenmesssysteme ermittelt. [Wec06a]

Die Kombination von unterschiedlichen mechanischen Übertragungselementen und Führungen verleiht den Vorschubachsen unterschiedliche Reibungswerte und Trägheitsmassen. Diese sind für die Bestimmung des Wirkungsgrades des Vorschubsystems entscheidend und beeinflussen direkt den Energieverbrauch.

Die Führungen, die zur exakten Begrenzung der Bewegungen auf einen oder mehrere Freiheitsgrade dienen, werden als Gleit- oder Wälzführungen bezeichnet. Gleitführungen können weiter durch drei physikalische Prinzipien unterschieden werden: hydrostatische, hydrodynamische und aerostatische Führungen.

In den meisten Fällen werden in Linearachsen von Dreh- und Fräsmaschinen spielfrei vorgespannte Rollen- bzw. Profilschienenwälzführungen eingesetzt. Wälzführungselemente werden in der Regel bevorzugt, da sie einen 10-fach geringeren Reibwert als Gleitführungen aufweisen [Wec05a].

Ein weiteres Konzept von Vorschubachsen basiert auf Linearmotoren. Dabei kann auf mechanische Übertragungselemente verzichtet werden, was zu geringeren Reibungswerte führt. Demgegenüber haben aber Linearmotoren geringere Wirkungsgrade bzw. höhere Verlustleistungen, womit eine erhebliche Wärmeentwicklung in den meisten Fällen eine Flüssigkeitskühlung erfordert.

Des Weiteren sind bei vertikalen Achsen mit Linearmotoren aus Sicherheits- und energetischen Gründen Bremsen oder ein Gewichtsausgleich vorzusehen. Ohne einen Ausgleich wäre zudem ein hoher konstanter Energieaufwand zur Überwindung des Gewichtes der Achse notwendig [Wec06a].

Schaltschrank

Der Schaltschrank ist die elektrische Leistungsschnittstelle zwischen der Werkzeugmaschine und dem elektrischen Versorgungsnetz. Im Schaltschrank werden die benötigten Spannungen generiert, Steuerungsfunktionen durch die NC und SPS geschaltet und die Regelung von Servo-Antrieben durchgeführt.

Durch die Verluste der Komponenten im Schaltschrank entsteht Wärme. Da diverse Komponenten gegen hohe Temperaturen empfindlich sind, ist gegebenenfalls eine Schaltschrankklimatisierung nötig, die wiederum zusätzliche Energie umsetzt.

Abhängig von der Umgebung und der Verlustleistungen im Schaltschrank, können vollkommen geschlossene Schaltschränke eingesetzt werden. In diesen Fällen wird die Wärme durch Wärmetauscher oder Kühlkompressoren abgeführt. Kühlsysteme für Schaltschränke weisen ein sehr hohes Einsparpotenzial in Bezug auf den Energieverbrauch auf, sodass neue Technologien und Prinzipien aktuell erforscht werden [NWA10].

Im Falle von geringeren Verlustleistungen und geeigneter Umgebung werden nicht völlig geschlossene Schränke eingesetzt, wofür einfache Lüfter ausreichen und damit weniger zusätzliche Energie verbraucht wird. [Wec05b]

Hilfsaggregate

Hilfsaggregate[1] realisieren unterstützende Aufgaben in einer Werkzeugmaschine wie z. B. die Versorgung mit Kühlschmierstoff oder den automatisierten Werkzeugwechsel während eines Bearbeitungszyklus.

Sie haben trotz kleiner individuell installierter Leistung einen sehr wichtigen Anteil am Energiebedarf und sind für den größten Teil der elektrischen Grundlast der Werkzeugmaschinen verantwortlich. Die elektrische Grundlast einer Werkzeugmaschine ist besonders bei kleineren Fertigungslosen wichtig, bei denen manche Hilfsaggregate weiter aktiviert bleiben, um die Bereitschaft der Maschine für neue Bearbeitungen zu gewährleisten.

Bei Hilfsaggregaten, die noch Antriebe mit fester Drehzahl einsetzen, versucht man, wenn es wirtschaftlich sinnvoll ist, die Antriebe durch drehzahlveränderbare Antriebssysteme mit Frequenzumrichtern und Energiesparmotoren zu ersetzen. Zudem versucht man, Lösungen durch intelligente Ausschaltzyklen der Nebenaggregate für die Stillstandszeiten der Maschine einzusetzen. Durch diese beiden Ansätze für die bedarfsorientierte Steuerung ist eine spürbare Reduktion des Energieverbrauches bei Hilfsaggregaten zu erwarten.

Kühlschmierstoffeinrichtung (KSS): Abgesehen von der Trockenbearbeitung, werden in der spanenden Bearbeitung immer Kühlschmierstoffe eingesetzt. Sie dienen üblicherweise dem Schmieren, Kühlen und Spantransport [Wec05b].

Der Hauptantrieb in einer Kühlschmierstoffeinrichtung ist die Kühlschmiermittelpumpe, aber andere optionale Komponenten wie Hebepumpe und Späneförderer können eventuell auch einen signifikanten Anteil am Energieverbrauch aufweisen.

Die Entwicklung energieeffizienter Kühlschmierstoffeinrichtungen ist im Fokus der Forschung [NWA10, BHH+10, GW11].

Kühlung: Die Wärmeenergie, die die Maschinenkomponenten abgeben, wird meistens nicht genutzt und muss zudem gegebenenfalls aufwendig abgeführt werden.

Das Kühlsystem in einer Werkzeugmaschine dient der Einhaltung der Geometriegenauigkeit und der Vermeidung der Überhitzung von Komponenten, insbesondere die der Hauptspindel. Das System setzt sich aus den Komponenten Kühlaggregat und Wärmetauscher zusammen.

Das thermoelastische Verformungsverhalten von Werkzeugmaschinen nimmt wie das statische Last-Verformungsverhalten entscheidenden Einfluss auf die Arbeitsgenauigkeit. Thermische Einflüsse auf Werkzeugmaschinen verursachen Verformungen der Maschine, die durch eine Vielzahl konstruktiver und wärmetechnischer Faktoren bestimmt werden.

Zu den maschineninternen Hauptwärmequellen in einer Werkzeugmaschine gehören: Motoren, Lager, Führungen, Getriebe, Hydraulik und der Zerspanungsprozess. Neben maschineninternen Einflüssen wirken gleichzeitig thermische Umgebungseinflüsse auf die Maschine ein, wie z. B.

[1] auch Versorgungs- oder Nebenaggregate genannt.

Hallenklima (Temperaturverteilung und Temperaturschwankung), Luftströmungen, Sonne und Heizkörper.

Die maschineninterne Wärmebelastung wird beispielsweise durch Vorschubgeschwindigkeit, Spindeldrehzahl, Anwenderprogramm, Art und Menge des benutzten Kühlschmiermittels, Werkstoff des Werkzeugs und des Werkstücks beeinflusst. [Wec01]

Durch das intelligente Ein- und Ausschalten und die bedarfsorientierte Steuerung von Antrieben und Hilfsaggregaten kann der Bedarf an Kühlleistung reduziert werden. Auch das Kühlaggregat kann z. B. durch den Einsatz von drehzahlvariablen Kompressoren oder sogar durch den Verzicht von Kompressoren [DMH+11, GG11] energieeffizienter arbeiten.

Hydraulik: Der Grund für den Einsatz von Hydraulik für manche Funktionen der Werkzeugmaschinen liegt in der deutlich höheren Kraftdichte im Vergleich zu elektrisch angetriebenen Achsen begründet [MGK01]. Entscheidende Nachteile der Hydraulik sind die Verluste durch Reibung und interne Leckage [Mur01]. Typische Aufgaben von hydraulischen Antrieben sind z. B. das Klemmen von Werkstücken und Schwenkachsen.

Die Energieversorgung aller hydraulischen Antriebe an einer Werkzeugmaschine wird im Allgemeinen durch ein zentrales Versorgungsnetz vorgenommen [Wec05b]. Die Umwandlung von mechanischer in hydraulische Energie wird durch die Hydraulikpumpe, die typischerweise rotatorisch durch elektrische Motoren angetrieben wird, bewerkstelligt [Mur01].

Die Ansteuerung erfolgt normalerweise über speicherprogrammierbare Steuerungen, die durch eine Schnittstelle mit den Geräten kommunizieren, und kann weg- oder geschwindigkeitsgesteuert (z. B. bei Vorschubbewegungen), druck- bzw. kraftgesteuert (z. B. beim Klemmen des Werkstücks) oder durch eine Kombination dieser Ansteuerungsarten (z. B. beim Tieflochbohren oder im Spritzgießprozess) erfolgen.

Im Gegensatz zu mechanischen und elektrischen Antrieben erfolgt in der Hydraulik die Wärmeabfuhr durch die Druckflüssigkeit. [MGK01] Die Wärme, die abgeführt werden muss, kann somit ohne zusätzlichen Aufwand zu einem Ort transportiert werden, wo sie entweder vorzugsweise eine andere Folgenutzung bekommt oder an die Umgebung verloren geht.

Zur Einhaltung der Betriebstemperatur der Druckflüssigkeit werden Wasser- oder Lüftkühlung eingesetzt. Die Lüftkühlung verursacht typischerweise geringere Betriebskosten und wird in stationären Anlagen meist nur für kleine Kühleistungen eingesetzt. Für größere Leistungen wird die Wasserkühlung eingesetzt, welche jedoch kostenintensiver ist.

In vielen Werkzeugmaschinen werden die Hydraulikpumpen direkt am Netz und mit konstanter Drehzahl betrieben und sind für einen großen Teil der Grundlast der Werkzeugmaschine verantwortlich. In einer Studie von [AKR10a] wurde beispielsweise gezeigt, dass die Hydraulik nur in 30 Prozent der Bearbeitungszeit tatsächlich benötigt wird.

Die aktuellen Entwicklungen in diesem Bereich suchen Lösungen durch intelligentes Ein- und Ausschalten, sanftes Hochfahren des Pumpenmotors, den Einsatz von drehzahlvariablen Pumpenantrieben und mit einer bedarfsorientierten Steuerung den Energieverbrauch des Hydrauliksystems zu reduzieren [AKR10a].

Andere Hilfsaggregate: Unter *andere Hilfsaggregate* werden alle anderen Aggregate zusammengefasst, die heute nur noch eine untergeordnete Bedeutung für den Energieverbrauch einer Werkzeugmaschine haben. Einige Beispiele sind:

- Lüftung
- Zentralschmieranlagen
- Werkzeugwechsler
- Werkstückwechsler
- automatisierte Messeinrichtungen
- Beleuchtung
- Display
- Steuerung
- Absaugung
- Ver- und Entsorgungseinrichtungen
- Wegmesssysteme
- Luftkompressor
- Späneförderer
- Spänezentrifugen
- Kühlschmierstoffreinigungsaggregat

2.3 Ansätze zur Steigerung der Energieeffizienz

Angenommen, die Energieeffizienz einer Werkzeugmaschine wird aus dem Quotient zwischen dem Nutzen und dem energetischen Aufwand gebildet ($E_{\text{eff}} = \text{Nutzen}/E_{\text{Aufwand}}$, s. Kapitel 2.1) sind grundsätzlich zwei Stellhebel zur Steigerung der Energieeffizienz möglich: die Erhöhung des Nutzens und die Verminderung des Aufwands, wobei beide auch kombiniert werden können.

Im Jahr 1990 wurde das Programm RAVEL (Rationelle Verwendung von Elektrizität) vom schweizer Bundesamt für Konjunkturfragen gestartet. Dieses Programm hatte das Ziel, das Wissen über Energieeffizienz in der Industrie zu stärken. In einem Ausschnitt aus der RAVEL-Dokumentation listet Gloor [Glo97] zehn Lösungsansätze für Energiesparmöglichkeiten im Maschinenbau auf:

- Konzentration auf die Energiefresser,
- Optimaler Prozess für die Aufgabe,
- Reduktion der Reibung,
- Reduktion der bewegten Massen,
- Prozessgrössen dem momentanen Bedarf anpassen,
- Antriebskonzepte auch energetisch auswählen,
- Maschinenumgebung mit einbeziehen,
- Anwender mit einbeziehen,
- Energiebilanz und
- Leistungskoordination.

Diese waren praktische Ansätze, die als Leitfaden dienen und auch das Bewusstsein der Maschinenhersteller in Bezug auf Energieeffizienz verbessern sollen:

> „Eine kleine Pumpe mit 100 W Leistung welche rund um die Uhr läuft, braucht mehr Energie als eine 2 kW Spindel, welche eine Stunde pro Tag läuft." [Glo97]

In einer pragmatischen Analyse unterscheiden *Zein et al.* [ZLHK11] zwischen drei möglichen Maßnahmen, um die Energieeffizienz von Werkzeugmaschinen zu steigern: die Reduzierung des Energieeinsatzes, die Wiederverwendung der eingesetzten Energie und die Energierückgewinnung. Die Reduzierung der eingesetzten Energie wird in die folgenden Aktionen unterteilt:

- Verkürzung der Bearbeitungszeit,
- Verkürzung der Zeit von nicht-wertschöpfenden Operationen,
- Sicherstellung der effizienten Nutzung von Komponenten,
- Reduzierung des Energiebedarfs von Komponenten und
- Reduzierung des Energiebedarfs zur Operation des Bearbeitungsprozesses.

Die Wiederverwendung der eingesetzten Energie kann in drei Maßnahmen zusammengefasst werden:

- Wiederverwendung von kinetischer Energie, um die Werkzeugmaschine zu versorgen,
- Speicherung von kinetischer Energie und
- Maximierung des Einsatzpotenzials der Energie (nützliche Energie behalten).

Letztendlich sind bei der Energierückgewinnung drei Aktionen aufgelistet:

- Sicherstellung der Effizienz bei der Energieumwandlung (Eliminierung von nicht-effizienten Umwandlungen),
- Minimierung von Energieverlusten bei der Umwandlung und
- Maximierung der Energierückgewinnung in Form von thermodynamischem Management.

Eine Studie des Fraunhofer-Instituts für Zuverlässigkeit und Mikrointegration [SHF+11] hat verschiedene Maßnahmen zur Steigerung der Energieeffizienz von Werkzeugmaschinen aufgelistet und die entsprechenden Einsparpotenziale zusammengefasst (Tabelle 2.1). Nach dieser Studie ist es möglich, mit Hilfe von softwarebasiertem Energiemanagement in einem Dreischichtbetrieb 23 Prozent Energieeinsparung zu erzielen. Darüber hinaus ist es wichtig zu bemerken, dass manche Maßnahmen Wechselwirkungen zueinander aufweisen können und dass die Summe der einzelnen Maßnahmen nicht immer eine kumulative Einsparung darstellt.

Tabelle 2.1: *Übersicht der Maßnahmen zur Steigerung der Energieeffizienz in Anlehnung an eine Studie zum Eco-Design von Werkzeugmaschinen [SHF+11].*

Lösung	**Umweltauswirkung**	**Einsparpotenzial**
Leichtbau von beweglichen Teilen	Materialreduktion, Energieeinsparung während Beschleunigungen, Schnelligkeit und reduzierte Durchsatzzeit	40% weniger Masse, 30% schnellere Spindelbeschleunigung
Software-basiertes Energiemanagement	Verlustreduzierung während nicht-produktiver Zeit, Prozessauslegung optimiert in Bezug auf Energie und Lebensdauer	23% Energieeinsparung in einem Dreischichtbetrieb
Energierückspeisung von Antrieben und Leistungselektronik	Energieeinsparung bei der Nutzung energieeffizienter Komponenten und während Verzögerungen	bis zu 60% reduzierte Energieaufnahme, bis zu 80% rückgespeiste Bremsenergie
Werkzeug-Handling und -spannen	Energieeinsparung durch neue physikalische Prinzipien	bis zu 40% weniger Energieeinsatz
Optimierung von hydraulischen und pneumatischen Systemen	Energieeinsparung durch angepasste Pumpen, Motoren und Hilfsaggregate	bis zu 66% Energieeinsparung
Energieeffiziente KSS-Versorgung	Reduktion oder Eliminierung von KSS bei allen entsprechenden Bauteilen und Prozessen	Energieeinsparung zwischen 20% und 33%
Kühlsysteme und Nutzung von Schaltschrankwärme	Verringerte elektrische Verluste und effiziente Kühlgeräte steigern Energieeffizienz	bis zu 45% Reduktion des Energieverbrauchs
Energieeffiziente Temperierung	Energieeinsparung mit neuen Prinzipien (z. B. elektrische Induktion)	85% geringere Leistungsaufnahme durch Nutzung von elektrischer Induktion

Die Arbeit von *Dornfeld* [Dor10] basierte auf *Gutowiskis* Modell des Energieverbrauchs einer Werkzeugmaschine [GDT06] und fasste Maßnahmen zur Steigerung der Energieeffizienz für zwei Klassen von Maschinen zusammen. Maschinen, welche eine hohe konstante Leistungsaufnahme aufweisen, sollen z. B. schneller arbeiten, um den Pro-Teile-Energieverbrauch zu reduzieren. Maschinen, die eine vorwiegend variable Leistungsaufnahme darstellen, sollen am besten bei optimierten Bearbeitungsprozessen angewendet werden. Das heißt, die Werkzeugmaschine soll nur so eingesetzt werden, wie sie am effizientesten arbeiten kann.

Im Allgemeinen können die Maßnahmen zur Steigerung der Energieeffizienz in der Automatisierungstechnik in vier Stellhebel unterteilt werden:

- energieeffiziente Komponenten,
- Rückspeisung und Zwischenspeicherung von Bremsenergie,
- bedarfsgerechter Energieeinsatz und
- energieeffiziente Systemgestaltung.

Aktuell beschäftigen sich Unternehmen und Forschungsinstitute damit, systematische Lösungen zu finden, die sich an einem oder mehreren der zuvor genannten Stellhebel orientieren.

2.3.1 Energieeffiziente Komponenten

Der Einsatz energieeffizienter Antriebstechnik mit einem höheren Gesamtwirkungsgrad stellt die erste Maßnahme dar, um Maschinen und Anlagen energieeffizient zu gestalten [Fah10, MJ08]. Einige Beispiele sind:

- Permanenterregte Synchronmotoren für den industriellen Einsatz verfügen über einen hohen Wirkungsgrad von bis zu 97 Prozent.
- Axialkolbenpumpen der neusten Generation erreichen hohe Wirkungsgrade von mehr als 93 Prozent.
- Nutzung von neuer Technik für die Leistungselektronik zum Zweck der Erhöhung der Schaltgeschwindigkeit und Senkung von Leistungsverlusten.

Neue Materialien haben die Verluste gesenkt, Permanentmagnete aus seltenen Erden haben stärkere Quellen für magnetischen Fluss ermöglicht, und neue Entwicklungen auf dem Feld der Konstruktionsverfahren haben die Wicklungsverluste gesenkt. Für größere elektrische Maschinen ist der Wirkungsgrad vergleichsweise hoch und damit sind weitere Effizienzsteigerungen nicht so signifikant. Anders ist dies bei kleineren elektrischen Maschinen, deren Wirkungsgrade von teilweise nur fünfzig Prozent noch sehr niedrig sind [MJ08].

2.3.2 Rückspeisung und Zwischenspeicherung von Bremsenergie

Der Einsatz rückspeisender Versorgungsgeräte ermöglicht die Rückspeisung und Zwischenspeicherung von Bremsenergie. Jede Achsbeschleunigung an einer Fertigungsmaschine erfordert zeitversetzt ein entsprechendes Abbremsen. Durch die Umschaltung von elektrischen Antrieben in den generativen Betrieb lässt sich z. B. die kinetische Energie im Vorschubsystem in elektrische Energie umwandeln und anderen Antrieben der Maschine oder Anlage bedarfsgerecht zur Verfügung stellen [Fah10].

- Die Nutzung von hocheffizienten Servoantriebsreglern mit rückspeisefähigen Versorgungsmodulen ermöglicht:
  - über einen gemeinsamen DC-Zwischenkreis mit gewonnener Energie andere Antriebe zu versorgen;
  - die gewonnene Energie in einem Puffer zwischenzuspeichern, oder
  - die gewonnene Energie in das Versorgungsnetz zurückzuspeisen.
- Nutzung von Hydraulikantrieben mit Hydrospeicher, die ungenutzte Energie aufnehmen, um sie später wieder bereitzustellen.

2.3.3 Bedarfsgerechter Energieeinsatz

Durch intelligente Steuerung des Bewegungsablaufs und der Haupt- und Nebenprozesse ist es möglich, Energie nur im Bedarfsfall bereitzustellen und somit weitere Einsparungen zu erzielen [Fah10, MJ08].

Die Bedarfsregelung von Antrieben ermöglicht gerade bei der Energiewandlung, so beispielsweise bei der Erzeugung von hydraulischem Druck und Volumenstrom durch elektrisch angetriebene Pumpen, besonders hohe Einsparungen.

Neuartige drehzahlvariable Pumpenantriebe steuern den Volumenstrom gezielt über einen intelligenten elektronischen Regler und ersetzen damit die Drosselung über Ventile. Abhängig vom Profil des Arbeitszyklus arbeitet diese Lösung um vierzig bis siebzig Prozent effizienter als nicht geregelte Aggregate [Fah10].

2.3.4 Energieeffiziente Systemgestaltung

Für die Optimierung von kompletten Systemen ist eine Gesamtbetrachtung unabdingbar. Ziel ist eine aufgabengerechte Auslegung alle Maschinen- oder Anlagenkomponenten mit der durchdachten Nutzung von Bedarfsregelung und Energierückgewinnung.

Durch die Aufzeichnung der Taktzeit und der energetischen Informationen während der Bearbeitung einer Werkzeugmaschine kann die Qualität einer Energieanalyse des Systems verbessert werden. Durch die Energieanalyse ist es möglich, den Verbrauch der einzelnen Komponenten zu untersuchen und ihre Ansteuerung anzupassen. Es wird damit versucht, bei der Auslegung einer neuen Maschine das Gleichgewicht von Energiebedarf und Produktionsleistung für die typischen Bearbeitungsaufgaben zu optimieren [Fah10, MJ08]. Beispiele:

- Steuerungsintegrierte Software-Tools zur Taktzeit- und Energieanalyse.
- Erreichen optimaler Taktzeiten bei minimalem Energieeinsatz.
- Bessere Design-Tools [MJ08].

2.4 Energiemanagement von Werkzeugmaschinen

2.4.1 Abschalten von Komponenten nach vordefinierter Leerlaufzeit

Manche Werkzeugmaschinenhersteller bieten ihren Kunden eine in der SPS programmierte Funktion, um die Maschine nach Schichtende automatisch in den Ruhezustand (Energiesparmodus) zu setzen [Gmb10]. Nach einer vorbestimmten Zeit, sofern keine Achsbewegungen oder Tastenbetätigungen mehr erfolgen, werden an der Anlage Komponenten wie Achs-, Hydraulik- und Kühlmittelmotoren deaktiviert. Andere Hersteller erlauben darüber hinaus eine Gruppierung von Maschinenaggregaten, die nach einer vom Anwender vorgegebenen Zeit abgeschaltet werden sollen [Pru10]. Dieser zusätzliche Freiheitsgrad ermöglicht dem Maschinenbetreiber unterschiedliche Zeiten für z. B. externe Automatisierungssysteme zu definieren. Der Anwender kann auf diese Weise stärker vom Energiemanagement der Werkzeugmaschine profitieren und Energie auch bei benachbarten Anlagen einsparen.

Man kann zwischen zwei Arten von Leerlaufzeit unterscheiden:

- Leerlaufzeit nach letzter Eingabe oder Tastenbetätigung und
- Leerlaufzeit nach Ende des Teileprogramms,

wobei jede abzuschaltende Maschinenkomponente mit einem dieser Ereignisse je nach Abhängigkeit und Funktion verbunden werden soll.

2.4.2 Terminierung von automatischem Warmlauf

Wenn die Werkzeugmaschine nach Schichtende oder während des Wochenendes in einen Energiesparmodus gesetzt wird, ist es wichtig zu gewährleisten, dass sie auch vor dem nächsten Schichtbeginn in Betriebsbereitschaft ist. Bei manchen Maschinen heißt es nicht nur die abgeschalteten Komponenten automatisch und sicher einzuschalten, sondern auch die Maschine warmlaufen zu lassen. Dies geschieht mit Hilfe der Terminierung eines automatischen Warmlaufs, die von der SPS ausgeführt wird, sofern Voraussetzungen wie Steuerung eingeschaltet und Schutztüren geschlossen erfüllt sind. Das Warmlaufprogramm muss speziell für diese Funktion vorbereitet sein, da z. B. Werkzeugwechsel zusätzliche Störungen verursachen können.

2.4.3 Modellierung von Werkzeugmaschinen zur Quantifizierung von Energieverbräuchen

Die ersten Versuche, den Energieverbrauch bzw. die Energiebilanz einer Werkzeugmaschine zu modellieren basierten auf Wirkungsgradwerten und Sankey-Diagramme. Während die Sankey-Diagrammen vor allem den prozessspezifischen Energiebedarf darstellen und hauptsächlich für die energetische Optimierung des Fertigungsverfahrens verwendet werden (siehe [Zir97]), finden Wirkungsgradwerte bei der Konstruktion und Auslegung von Maschinen breite Anwendung. Beide Modelle bzw. Kennwerte können für die Darstellung der unmittelbaren Energiebilanz und Verluste nützlich sein, dennoch wird die Energieeffizienz einer Maschine kontinuierlich beeinflusst (s. Kapitel 2.1) und wird als eine Funktion der Zeit besser beschrieben.

In Abbildung 2.5 ist eine qualitative Darstellung der Leistungsaufnahme einer Werkzeugmaschine während eines Bearbeitungsvorganges zu sehen. *Zirn* [Zir97] hat im Rahmen des schweizer Programms RAVEL (Rationelle Verwendung von Elektrizität) den Energieverbrauch von Prozess- und Hilfsantrieben aufgeteilt und somit mehr Transparenz für die Steigerung der Energieeffizienz geschaffen.

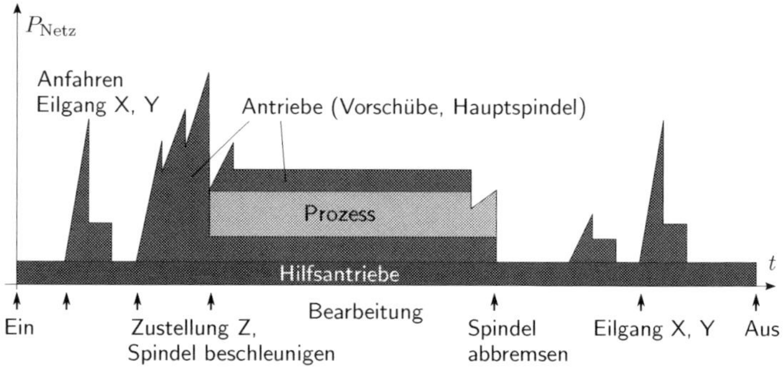

Abbildung 2.5: *Qualitative Darstellung der Netzleistung und -arbeit während eines Bearbeitungsvorganges bei einer Fräsmaschine [Zir97].*

Die Arbeit von *Draganescu et al.* [Dra03] fokussierte auf die Modellbildung der Effizienz eines Fertigungsverfahrens. Sie modellierten mit Hilfe von statistischer Versuchsplanung (Response-Surface-Pläne) die Energieeffizienz einer Fräsmaschine in Form von spezifischem Energieverbrauch. Mit dieser Untersuchung war es möglich, für eine bestimmte Bearbeitung bei einer ausgewählten Maschine die Variation der Effizienz in Abhängigkeit von verschiedenen fertigungstechnischen Parametern zu quantifizieren. Die Methode wird dennoch in der Praxis selten angewendet, da der Aufwand unter industriellen Bedingungen nicht gerechtfertigt ist.

In [GDT06] haben *Gutowski et al.* die Energiebilanz einer Werkzeugmaschine mit Hilfe eines Modells präsentiert, das im Wesentlichen aus zwei Teilen besteht: einer konstanten Last (Grund- und Leerlaufleistung) und einer variablen Leistung, welche proportional zum Zeitspanvolumen steigt (wie in Abbildung 2.6 gezeigt ist).

Dietmair und *Verl* haben ein generisches Modell für die Quantifizierung des Energieverbrauchs von Produktionsmaschinen entwickelt [DV08, DV09a, DV10, DV09c, DV09b, DVW08, VAH+11]. Die Autoren befassten sich mit der Abschätzung des Energieverbrauchs mit Hilfe von Zustandsmaschinen

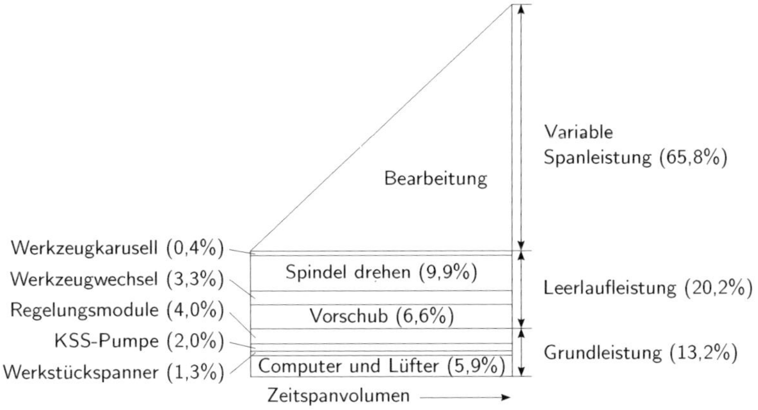

Abbildung 2.6: *Energieverbrauch einer 3-achsigen NC-Fräsmaschine als Funktion des Zeitspanvolumens [GDT06].*

zusammen mit Nutzungsprofilen der Maschine. Jeder Zustand entspricht einer vordefinierten Leistungsbilanz zwischen den einzelnen Maschinenkomponenten (Energieverbrauchern) und kann je nach Nutzungsprofil erreicht oder nicht erreicht werden (s. Abbbildung 2.7). Die Gleichung 2.2 beschreibt die Zustände und die entsprechenden Leistungsbilanzen der Komponenten, wobei das Tupel S_i einen Betriebszustand bezeichnet. K_i ist eine Menge von Steuerparametern, die optimiert werden können, und P_i eine Menge von konstanten Leistungsaufnahmen der Maschinenkomponenten.

$$S_i = (K_i, P_i) \tag{2.2}$$

$$K_i = \{K_{n,i} \mid n = 1, 2, ...\},$$
$$P_i = \{P_{c,i} \mid c = 1, 2, ...\}.$$

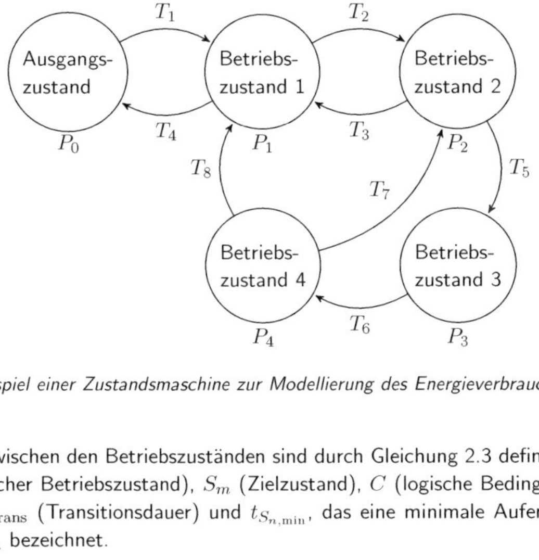

Abbildung 2.7: *Beispiel einer Zustandsmaschine zur Modellierung des Energieverbrauchs einer WZM in Anlehnung an [DV09a].*

Die Transitionen zwischen den Betriebszuständen sind durch Gleichung 2.3 definiert. T_i ist ein Tupel von S_n (ursprünglicher Betriebszustand), S_m (Zielzustand), C (logische Bedingung zur Aktivierung der Transition), t_{Trans} (Transitionsdauer) und $t_{S_{n,\min}}$, das eine minimale Aufenthaltsdauer für den Betriebszustand S_n bezeichnet.

$$T_i = (S_n, S_m, C, t_{\mathrm{Trans}}, t_{S_{n,\min}}) \tag{2.3}$$

Obwohl dieses Konzept eine einfache Vorhersage des Energieverbrauchs von Maschinen ermöglicht, spielt es für die Optimierung der Maschine eine untergeordnete Rolle. Ein Grund dafür ist, dass die Betriebszustände eine Menge von Steuerparametern beinhalten, welche unabhängig vom Nutzungsprofil optimiert werden müssen. Variationen des Nutzungsprofils, wie z. B. eine Variation der Trajektorie, werden nicht berücksichtigt.

Ein weiterer Nachteil dieses Modells ist der Mangel an Transparenz bzgl. des Leerlaufverbrauchs der einzelnen Komponenten. Die Menge P_i entspricht der gesamten Leistungsaufnahme einer Maschinenkomponente in einem bestimmten Betriebszustand, wobei Leerlaufverbräuche nicht von anderen Verbräuchen zu unterscheiden sind, welche unter Last verursacht werden.

2.4.4 Datenerfassung und Monitoring

Es gibt mehrere Gründe, um energetische Daten von Werkzeugmaschinen zu erfassen und zu überwachen. Neben der Rückkopplung bei einem automatisierten Regelkreis sind weitere Zwecke aufzulisten:

- Erhöhung der Transparenz,
- Verbesserung des Bewusstseins für die Energieeffizienz,
- Unterstützung bei der Identifikation von Einsparmaßnahmen,
- Unterstützung bei der Prozessoptimierung,
- Basis für weitere Anwendungen und
- Zustandsüberwachung.

Einige Maschinenkomponenten (z. B. Antriebe) verfügen über Regelkreise und weisen somit Messsysteme auf, die direkte oder indirekte energetische Messgrößen erfassen. Im Gegensatz dazu besitzen Hilfsaggregate und andere periphere Komponenten wenige Sensoren oder haben isolierte Messsysteme, welche mit der Maschinensteuerung nicht vernetzt sind. Bei diesen Komponenten müssen entweder zusätzliche Energiezähler installiert oder Modelle gebildet werden, die auf Basis vorhandener Daten die Ermittlung des Energieverbrauchs ermöglichen. Dadurch, dass die Messung des Energieverbrauchs von Werkzeugmaschinen die Grundlage für eine mögliche zukünftige Optimierung bildet, werden mehrere Methoden zur Datenerfassung und Monitoring erforscht und entwickelt [HLHH12, KBL11, VAH+11, VWA+11, WRSP11, RRS+11, HSB+11, VD10].

2.4.5 Netzwerkprofile zum Energiemanagement von Maschinen und Anlagen

PROFIenergy

PROFIenergy ist ein standardisiertes Anwendungsprofil für das Energiemanagement in Fertigungsanlagen, das auf dem Kommunikationsprotokoll PROFINET (*Process Field Network*) aufbaut. Die Aufgaben von PROFIenergy liegen darin, den Stromverbrauch in unproduktiven Zeiten bei Automatisierungssystemen (wie z. B. Robotern oder Werkzeugmaschinen) zu steuern [Kla11, Fel10, Net11, 20110, PRO11], was über ein PROFINET-Netzwerk[2] realisiert werden kann. Darüber hinaus wird die Steuerung des Stromverbrauchs in zwei Profile - geplante und ungeplante Pausen - unterteilt, die je nach Energieverbrauch in einen definierten Energiemodus versetzt werden sollen. Die Voraussetzungen für die Anwendung von PROFIenergy sind wie folgt:

[2] In einem PROFINET-Netzwerk werden SPS bzw. IPC als IO-Controller und Sensoren oder Aktoren als IO-Device bezeichnet. Prozessdaten können zyklisch zwischen IO-Controller und jedem IO-Device ausgetauscht und bei Bedarf auch azyklisch gelesen und geschrieben werden. Das PROFINET-Netzwerk befasst sich mit drei Klassen: Klasse A für die Kontrolle der Anlagen (100 ms, Zykluszeit), Klasse B für die Kontrolle der Maschinen (10 ms Zykluszeit) und Klasse C für die Kontrolle der Bewegungen ($<$ 1 ms Zykluszeit). Zur Realisierung der Klasse C werden bei Maschinen spezielle Hardware-Elemente eingesetzt [Fel10].

- Steuerungseinheit (Energiemanagement-Steuerungssystem),
- Kommunikationsnetzwerk (PROFINET),
- Strombezieher (z. B. Maschinenaggregat).

Das Steuerungssystem (i.d.R. ein Energiemanagementsystem) sendet über PROFINET Kommandos an den Stromverbraucher (z. B. Maschinenaggregat), mit denen der Stromverbraucher auf Produktionspausen reagieren kann. Anhand von Softwarekomponenten können Produktionspausen zu bekannten Zeiten oder als Reaktion auf ungeplante Pausen bzw. Ereignisse gemeldet werden und damit kann jedes Gerät eigenständig auf Kommandos reagieren.

Es gibt viele mögliche Produktionspausen, die bei PROFIenergy relevant sind:

Kurze Pause: Die Arbeit wird für kurze Zeit unterbrochen, wenn der Bediener eine Abwesenheit von beispielsweise 10 Minuten ankündigt. Dann wird an alle Steuerungen und Maschinenaggregate eine Mitteilung gesendet und der entsprechende Stromversorger wird auf einen niedrigen Energieverbrauch heruntergesetzt.

Lange Pause: Eine lange Pause entsteht z. B. am Wochenende oder an Feiertagen, wenn die Arbeit längerfristig unterbrochen wird. Hier sollen die Anlagen teilweise komplett ausgeschaltet oder auf Ruhezustand gesetzt werden.

Ungeplante Pause: Es kommt relativ oft vor, dass eine Störung im Betrieb auftritt und dadurch eine nicht geplante Pause eintritt. Jedoch soll auf der Ebene der Kommunikationsschnittstellen über den passenden Energiemodus entschieden werden. Bei solchen ungeplanten Pausen greift die PROFIenergy-Schnittstelle ein, um bei Zwischenfällen den Energiemodus zu optimieren.

sercos Energy

Mit sercos Energy können Komponenten einer angeschlossenen Werkzeugmaschine mit einheitlicher Steuerung in energiesparende Zustände bis hin zum kompletten Ausschalten versetzt werden. Das Anwendungsprofil sercos Energy basiert auf dem Kommunikationsprotokoll sercos III[3] und kann auch auf erwartete Pausen (wie z. B. Mittagspausen) sowie auf unerwartete Unterbrechungen reagieren, so dass kurz vor Ablauf der Betriebspause die Komponenten wieder auf den Betriebsbereitschaftsmodus umgestellt werden.

Das Anwendungsprofil sercos Energy stellt zudem die Verbindung zwischen dem Prozess-know-how, der Steuerung und den bereitgestellten sercos-Komponenten dar [Sch10a]. Über die sercos Kommunikationsschnittstelle wird folglich eine Reduzierung des Energieverbrauches realisiert. Die Steuerung liest alle Parameter der Geräteebene über sercos III aus, und damit erhält sie Statusinformationen und ausführliche Verbrauchswerte über die azyklische sercos Kommunikation [ser10].

Zwei Geräteklassen werden bei sercos Energy unterschieden: koordinierende Systeme, welche den Zustand der Prozesse in den untergeordneten Systemen kennen und ohne eine übergeordnete Steuerungsebene selbständig agieren können, und einfache Feldgeräte, die nur den Befehlen von koordinierenden Systemen folgen.

Abbildung 2.8 zeigt eine Automatisierungspyramide mit Steuerungsebenen und Kommunikationssystemen. Während auf den oberen Ebenen (Werks- und Linienebene) Kommunikationssysteme wie Webservices, OPC-UA und PROFINET (auch PROFIenergy) eingesetzt werden, findet sercos Energy (sercos III) besonders auf der Stations- und Geräteebene seine Anwendung.

Sercos Energy übernimmt neben Aufgaben von PROFIenergy (kurze, lange oder ungeplante Pausen) auch andere Aufgaben, die auf Maschinenebene stattfinden. Diese zusätzlichen Aufgaben sind folgende:

[3] sercos III ist die dritte Generation von sercos-Interface nach IEC/EN 61491.

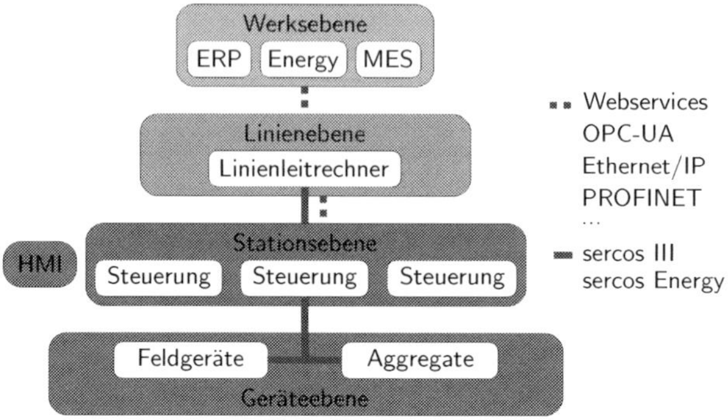

Abbildung 2.8: *Automatisierungspyramide und Kommunikationsebenen mit Anwendung von sercos Energy in Anlehnung an [ser10].*

Teilmaschinenbetrieb: Wenn eine Maschine mehrere Funktionen bereitstellt und nicht alle gleichzeitig benötigt werden, so stellt sich die Frage, ob es auch hier Einsparungspotenzial gibt. Sercos Energy ermöglicht es, die Maschinenkomponenten auf Basis der erhaltenen Informationen abzuschalten oder in einen energiesparenden Modus zu versetzen. Dadurch können die Kosten der Maschinenprozesse reduziert werden.

Teillastbetrieb: Hier verbraucht die Maschine nur einen Teil ihrer Energie, wenn für eine Fertigung nicht die vollständige Leistung der Maschine benötigt wird. Ein Beispiel dafür ist, dass die Kühlmittelzufuhr nicht immer mit voller Leistung arbeiten muss und somit durch sercos Energy angepasst werden kann, damit der Energieverbrauch dieses Versorgers reduziert wird.

Messung und Visualisierung ist eine weitere Aufgabe von sercos Energy. Mit Hilfe dieser Software können Daten von Maschinen erfasst und aufbereitet werden. Sercos Energy bietet dem Benutzer die Möglichkeit, den aktuellen Energieverbrauch in Echtzeit zu erfassen und ihn im HMI zu visualisieren. Daraufhin kann, falls erforderlich, eine Optimierung durch den Bediener erfolgen.

2.5 Selbstoptimierung im Maschinenbau

Selbstoptimierung im Maschinenbau ist ein neues Forschungsgebiet, welche nach einer Flexibilisierung von Maschinen und Systemen zur schnellen Anpassung an sich ändernde Betriebsbedingungen strebt. In der Literatur wurden mehrere Anwendungen der Selbstoptimierung beschrieben [Gau05, GAdMP09, GFS05, FGM+07a, DK09, GFDK08a, GFDK08b], welche in verschiedenen Branchen (von der Luft- und Raumfahrtindustrie bis zur Maschinenbauindustrie) zu finden sind.

Bereits im Jahr 2004 wurde im Rahmen des Sonderforschungsbereichs 614 der Deutschen Forschungsgemeinschaft (DFG) das Konzept der Selbstoptimierung definiert:

> „Unter Selbstoptimierung (self-optimization) eines technischen Systems wird die endogene Anpassung der Ziele des Systems auf veränderte Einflüsse und die daraus resultierende zielkonforme autonome Anpassung der Parameter und ggf. der Struktur und somit des Verhaltens dieses Systems verstanden. Damit geht Selbstoptimierung über die bekannten Regel- und Adaptionsstrategie wesentlich hinaus; Selbstoptimierung ermöglicht handlungsfähige Systeme mit inhärenter ‚Intelligenz', die in der Lage sind, selbstständig und flexibel auf veränderte Betriebsbedingungen zu reagieren." [FGK+04]

Da eine Steigerung der Energieeffizienz NC-gesteuerter Werkzeugmaschinen vom Zusammenspiel der einzelnen Teilsystemen abhängig ist (s. Kapitel 2.3), spielt die Flexibilität der mechatronischen Systeme eine überragende Rolle, um dieses Ziel zu erreichen. Laut *Gausemeier et al.* [GKR10] kann die Energieeffizienz solcher Systeme erhöht werden, indem der Umgang mit Energie intelligent und bedarfsgerecht kontrolliert wird. Dieses Konzept soll mit Hilfe eines selbstoptimierenden Energiemanagement umgesetzt werden, "[...] das die gemeinsame Planung der Leistungsbilanz aller Verbraucher im mechatronischen System bei sich ändernden Umwelteinflüssen ermöglicht" [GKR10].

Das Verhalten eines selbstoptimierenden Systems besteht aus der Wiederkehr von drei Aktionen, die den sogenannten Selbstoptimierungskreislauf bilden:

Analyse der Ist-Situation: Um einen Regelkreis schließen zu können, ist es notwendig, dass der aktuelle Zustand des Systems mit Hilfe von Messungen und Beobachtungen bzw. Modellen analysiert wird. Die Annäherung an die verfolgten Ziele wird quantifiziert.

Bestimmung der Systemziele: Bei dieser Aktion werden die neuen Ziele des Systems definiert, wobei diese aus einer vordefinierten Menge ausgewählt werden können. Andere Möglichkeiten zur Zielbestimmung sind die Anpassung von alten Zielen oder die Generierung von neuen Zielen basierend auf den vorhandenen Regeln.

Anpassung des Systemverhaltens: Die letzte Aktion ist die Anpassung des Systemverhaltens, welche die resultierenden Abweichungen zwischen der Ist-Situation und den Zielen in der nächsten Schleife reduzieren soll. Sowohl Systemparameter als auch die Systemstruktur selbst können geändert werden.

2.5.1 Das Operator-Controller-Modul (OCM)

Ein Strukturierungskonzept für die Umsetzung von selbstoptimierenden Systemen (sogenanntes Operator-Controller-Modul) wurde in [GAdMP09] detailliert beschrieben. Diese Struktur besteht aus drei Ebenen:

Controller: Der Controller liegt auf der untersten Ebene des OCM, arbeitet unter harten Echtzeitbedingungen und besitzt ein deterministisches Verhalten. In einem selbstoptimierenden Energiemanagement könnte er z. B. für die direkte Ab- und Einschaltung von Maschinenkomponenten zuständig sein.

Reflektorischer Operator: Auf der mittleren Ebene, zwischen den Handlungs- und Planungsebenen befindet sich der reflektorische Operator. Dieser Operator überwacht und steuert den Controller. Er kann beispielweise die Konfiguration des Controllers ändern bzw. wechseln und für die Ablaufsteuerung verantwortlich sein.

Kognitiver Operator: Der kognitive Operator liegt auf der obersten Ebene des OCM. Hier wird die Planung des ganzen Systems erzeugt, indem Lernverfahren angewendet werden. Auch modellbasierte Optimierungsverfahren spielen eine wesentliche Rolle, um die vorausschauende Fähigkeit des Operators zu unterstützen. Obwohl der kognitive Operator eine Antwort innerhalb eines gewissen Zeitfensters an die anderen Module geben muss, arbeitet er unter weichen Echtzeitbedingungen.

2.5.2 Sicherheitsaspekte

Selbstoptimierende Systeme basieren vor allem auf Software. Aus diesem Grund wird auch die Sicherheit des System stark von der Informationsverarbeitung geprägt [FGK+04]. Um die Vorhersagbarkeit, die Zuverlässigkeit und die Fehlertoleranz des Systems zu erhöhen, werden verschiedene Maßnahmen getroffen, welche in drei Klassen einsortiert werden können:

Inhärente Sicherheit: Die inhärente Sicherheit einer selbstoptimierenden Maschine bedeutet, dass beim Totalausfall des Selbstoptimierungsprozesses die Maschine auf einem sicheren und stabilen Zustand verbleibt.

Kontrollierte Sicherheit: Beim Ansatz einer kontrollierten Sicherheit wird der Selbstoptimierungsprozess ständig überwacht. Die Überwachung stellt sicher, dass das System keinen kritischen unerwünschten Zustand erreicht.

Redundanz: Die Ausfallwahrscheinlichkeit des Selbstoptimierungsprozess kann durch Redundanz verringert werden. Die Redundanz kann sowohl homogen (mit z. B. zwei gleichen selbstoptimierenden Reglern) als auch heterogen sein, wo z. B. ein klassischer Regler neben einem selbstoptimierenden Regler arbeitet.

2.5.3 Methoden der Modellbildung von Systemen

Die Modellbildung von Systemen ist ein wesentlicher Bestandteil des Selbstoptimierungsprozesses, da ein Großteil der Optimierungsmethoden modellbasiert ist. Abhängig von der Menge an Vorkenntnissen eines Systems bzw. der Menge an verfügbaren experimentellen Daten können unterschiedliche Modellierungsarten für unterschiedlichen Modellierungsaufgaben in Frage kommen. Die nächsten Abschnitte fassen drei mögliche Klassen von Modellierung zusammen, welche Anwendung in Selbstoptimierungsprozessen finden können.

White-Box Modellierung: White-Box Modelle sind mathematische Beschreibungen von Phänomenen, die in einem Prozess auftreten. Diese Modelle basieren auf Gleichungen der Physik, Chemie o.ä. [Ous01, Dav08]. Sie beinhalten Parameter, die eine physikalische Bedeutung haben, z. B. eine Masse, einen Reibungskoeffizienten, eine elektromagnetische Feldstärke, etc.

Black-Box Modellierung: Diese Modellierungsart eignet sich für Situationen, bei denen die Physik des Prozesses nicht genau bekannt ist, für die aber genügend experimentelle Daten zur Verfügung stehen. Black-Box Modelle sind Modelle, die allein aus experimentellen Daten gewonnen werden. Es werden dabei keine Vorkenntnisse des Prozesses mit einbezogen [Ous01]. Die Black-Box Modellierung ist sehr flexibel und toleriert Ungenauigkeiten, Unsicherheit, Teilwahrheiten und Approximationen [Dav08].

Obwohl diese Methoden bereits große Akzeptanz in der Industrie gewonnen haben, werden sie selten in den Bereichen, in denen eine ausführliche Untersuchung von physikalischen Gesichtspunkten bereits durchgeführt wurde, oder für die eine teilweise Modellierung schon verfügbar ist, genutzt [Ous01].

Grey-Box Modellierung: Häufig sind wissensbasierte Modelle verfügbar, die allerdings keine ausreichende Qualität aufweisen, dafür aber der Grundbeschreibung der Dynamik eines Systems dienen. In solchen Fällen ist es wünschenswert, solche Vorkenntnisse nicht zu verwerfen, sondern mit Hilfe der Flexibilität von Black-Box Modellen eine hybride Modellierung zu erzielen. Die Grey-Box Modellierung stellt somit einen Kompromiss zwischen White-Box und Black-Box Modellierungen dar. Da eine größere Menge an Vorkenntnisse genutzt wird, als bei der Black-Box Modellierung, werden weniger Versuchsdaten für die Modellierung benötigt, und die Parameter der Modelle können verlässlicher geschätzt werden [Ous01].

Ziele der Modellierung

Verfahren des maschinellen Lernens[4] können in Hinblick auf unterschiedliche Ziele zur Modellierung von Systemen genutzt werden. Einige dieser Ziele werden im Folgenden dargestellt [NEM09]:

[4] Maschinelles Lernen ist die Wissenschaft von Computeralgorithmen, die sich mithilfe von Erfahrung automatisch verbessern [Mit97].

Klassifikation: Klassifikation besteht aus der Erzeugung einer Funktion, die den Daten unterschiedlichen Klassen oder Kategorien zuordnet. Das Ziel ist also eine Vorhersage von diskreten Variablen, die nur eine kleine Anzahl von Werten aufweisen kann.

Typischerweise wird bei der Klassifikation eine feste Anzahl von Zielklassen vorgegeben und durch Trainingssätze werden die Grenzen der Klassen bestimmt.

Regression: Die Regression beschäftigt sich mit der Vorhersage von kontinuierlichen Variablen, d. h. bei denen die Variablen beliebige Werte aufweisen können. Der Fokus der Regression liegt auf der Abbildung von Beziehungen zwischen einer oder mehreren unabhängigen Variablen und einer abhängigen Variable.

Clusteranalyse: Bei der Clusteranalyse besteht das Ziel darin, neue Klassen (Cluster) in den Daten zu identifizieren. Im Gegensatz zur Klassifikation werden die Daten bei der Clusteranalyse nicht zu bestehenden Klassen zugeordnet, sondern nur gruppiert. Die Gruppen können gegenseitig überschneidungsfrei und gemeinsam umfassend oder aus einer reicheren Abbildung, wie hierarchisch überschneidenden Klassen bestehen.

Assoziationsanalyse: Durch die Assoziationsanalyse werden Beziehungen zwischen Variablen entdeckt, die als Regel benutzt werden können. So beispielsweise, welche Kombinationen von Werten in den Daten immer gemeinsam vorkommen. Anschließend wird daraus eine Regel abgeleitet.

Methoden des maschinellen Lernens als Werkzeuge für die Modellbildung

Unter „maschinelles Lernen" werden Methoden verstanden, mit denen Computer programmiert werden können, um Wissen aus Erfahrung zu generieren [Die03].

Methoden des maschinellen Lernens werden bereits in den Bereichen der Spracherkennung, Bildverarbeitung, autonomer Roboter, Gentechnik und anderen datenintensiven empirischen Wissenschaften erfolgreich angewendet [Mit06]. Die Nutzung der Methoden des maschinellen Lernens zur Abbildung von komplexem energetischen Verhalten bietet die Möglichkeit, verstecke Potenziale zur Effizienzmaximierung von physikalischen Systemen auszuschöpfen.

Die Standarddefinition des maschinellen Lernens besagt, dass ein Computerprogramm aus einer Erfahrung E in Bezug auf eine Aufgabe T und einer Leistung P lernt, indem es seine Leistung bei der Aufgabe T mit der Erfahrung E verbessert [Mit97].

Zur Betrachtung der Methoden des maschinellen Lernens werden diese nach ihrer Funktionsweise klassifiziert. Die Klassen von Methoden des maschinellen Lernens werden nachfolgend beschrieben.

Überwachtes Lernen: Überwachtes Lernen[5] bezeichnet Algorithmen, die Funktionen aus gegebenen Paaren von Ein- und Ausgabewerten erzeugen. Dabei stellt während des Lernens ein „Lehrer" den korrekten Funktionswert (Kennsatz oder Vorhersage) zu einer Menge von Eingaben (Merkmale) bereit. Ein Teilgebiet des überwachten Lernens ist die automatische Klassifizierung. Außerdem eignet sich das überwachte Lernen für eine Online-Identifikation von dynamischen Systemen [Sch10b].

Unüberwachtes Lernen: Unüberwachtes Lernen[6] bezeichnet Algorithmen, die aus einer gegebenen Menge von Eingaben ein Modell erzeugen, das die Eingaben beschreibt oder vorhersagt. Ziel beim unüberwachten Lernen ist das Erkennen von Strukturen innerhalb der Daten. Hierzu gehört die automatische Einteilung in Kategorien (Clustering), die Optimierung von Modellparametern (Expectation Maximization) oder die Übersetzung der beobachteten Daten in eine einfachere Repräsentation (Faktoranalyse) [Alp09].

[5] auch als „Lernen mit Lehrer" oder „Lernen aus Beispielen" bezeichnet [Ert08].

[6] auch als „Lernen ohne Lehrer" oder „Clustering" bezeichnet [Ert08].

Halb-überwachtes Lernen: Dieser Ansatz ist eine Kombination aus überwachtem und unüberwachtem Lernen. Daraus wird eine Funktion oder ein Klassifikator von beschrifteten Daten (Paare von Merkmalen und Kennsätzen), sowie von unbeschrifteten Daten erzeugt. Die Schwierigkeit bei diesem Ansatz liegt darin, den Anteil an beschrifteten und unbeschrifteten Daten zu definieren.

Bestärkendes Lernen: Beim bestärkenden Lernen gibt der Lehrer nicht die erwünschte Ausgabe an, sondern eine Belohnung, die darauf basiert, ob die geschätzte Ausgabe richtig oder falsch ist. Eventuell wird zusätzlich der Grad der Richtigkeit durch den Wert der Belohnung angegeben. Das Lernverfahren muss also selbst die richtige Ausgabe finden, indem es das Maximum der Belohnungen erzielt [Sch10b].

Bei bestärkendem Lernen ist die Aufgabe T die Auswahl von möglichen Aktionen, um die Summe der Belohnungen zu maximieren. Die Leistung P ist also die kumulierte Belohnung und die Erfahrung E wird durch Interaktion mit der Umgebung durch die Überwachung von Zuständen, Aktionen und Belohnungen gewonnen [TP97].

Da weniger Informationen zur korrekten Modifikation der Parameter verwendet werden, haben bestärkende Lernverfahren den Nachteil, dass sie für Aufgaben, bei denen die erwünschte Ausgabe bekannt ist, viel länger zum Lernen brauchen als überwachte Lernverfahren.

Lernen zu lernen (learning to learn): Man geht davon aus, dass ein Algorithmus lernt zu lernen, wenn sich seine Leistung P bei jeder Aufgabe T_i mit der Erfahrung E und auch mit der Anzahl n von Aufgaben verbessert.

Wie andere induktive Algorithmen des maschinellen Lernens, induzieren „Lernen zu Lernen" Algorithmen allgemeine Funktionen von Beispielen. Solche Methoden lernen aus Erfahrungen von unterschiedlichen Aufgaben. Der Mensch ist beispielsweise dazu in der Lage, Wissen nach einer kleinen Anzahl von Beispielen zu verallgemeinern und auf andere Zusammenhänge adäquat zu übertragen. Systeme, welche auf „Lernen zu Lernen" basieren, können sich diese Fähigkeit des Menschen zu eigen machen [TP97].

2.6 Bestehende Defizite – Zwischenfazit

Überzeugt vom Wettbewerbsvorteil, den die Energieeffizienz im Werkzeugmaschinenmarkt bietet, ergreifen derzeit viele Werkzeugmaschinenhersteller immer mehr konstruktive Maßnahmen, um die Effizienz ihrer Maschinen zu steigern. Dank der Modularität bei der modernen Konstruktion von Werkzeugmaschinen stellen einzelne Module und Teilsysteme eine autonome und statische Betriebsweise dar. Demzufolge werden Maschinenkomponenten und Teilsysteme getrennt optimiert, was zu Zielkonflikten und einem suboptimalen Betrieb führt.

Weitere Einsparpotenziale wurden identifiziert, welche sich allerdings erst im Zusammenspiel der Komponenten ergeben. Eine zentrale Rolle spielt hier die Maschinensteuerung, die prinzipiell Zugang zu Informationen verschiedener Teilsysteme hat, aber auch auf die Kooperation und Fähigkeit der installierten Maschinenkomponenten angewiesen ist. Mit Hilfe einer intelligenten Ansteuerung der Teilsysteme lassen sich die Wechselwirkungen der Optimierung berücksichtigen, so dass eine umfangreichere Steigerung der Energieeffizienz erreicht werden kann.

Darüber hinaus weisen hergestellte Produkte immer kürzere Lebenszykluszeiten auf, sind sehr vielfältig und kundenspezifisch und fordern daher entsprechend flexible Werkzeugmaschinen. Diese Flexibilität wird in der Konstruktionsphase oft durch die Überdimensionierung von Komponenten erreicht, was die Energieeffizienz der Maschine wiederum sinken lässt.

Da der Energieverbrauch sehr stark von den Einsatzbedingungen und Nutzungsprofilen der Maschine abhängig ist, müssen die einzelnen Maschinenkomponenten und Teilsysteme eine dynamische und prozessbezogene Betriebsweise aufweisen. Ein Ziel, dass mit einer isolierten Optimierung der Teilsysteme bisher nicht zu erreichen war.

Der bisherige Ansatz der Werkzeugmaschinenhersteller, um z. B. den Energieverbrauch während Produktionspausen zu reduzieren, folgt der sogenannten Time-out Strategie. Die Maschine wird so programmiert, dass sie sich nach Schichtende automatisch in einen Ruhezustand (Energiesparmodus) versetzt. Nach einer vorbestimmten Zeit, sofern keine Achsbewegungen oder Tastenbetätigungen mehr erfolgen, werden an der Anlage Komponenten wie Achs-, Hydraulik- und Kühlmittelmotoren stillgesetzt.

Diese Strategie hilft bei längeren Pausen wie z. B. Wochenenden, nutzt dennoch keinerlei Informationen über den tatsächlichen Verlauf der Produktion und verschwendet deswegen Energie während der vorbestimmten Wartezeit. Darüber hinaus kann die Time-out Strategie sogar zusätzliche Energie kosten, immer wenn die Pause kürzer als erwartet ist und die Maschine zu schnell wieder hochfahren muss.

Verschiedene Wissenschaftler haben versucht den Energieverbrauch von Werkzeugmaschinen zu minimieren, indem sie nicht nur Teilsysteme sondern das ganze Maschinenverhalten optimierten. Die wichtigsten Ansätze werden im Folgenden kurz gegenübergestellt.

Draganescu et al. [Dra03] fokussierten sich auf die Modellbildung der Effizienz eines Fertigungsverfahrens. Mit dieser Untersuchung war es möglich, für eine bestimmte Bearbeitung bei einer ausgewählten Maschine die Variation der Effizienz in Abhängigkeit von verschiedenen fertigungstechnischen Parametern zu quantifizieren. Die Methode wird dennoch in der Praxis selten angewendet, da der Aufwand unter industriellen Bedingungen nicht gerechtfertigt ist. Außerdem werden weitere Einsparpotenziale wie z. B. Produktionspausen nicht ausgenutzt, weil die Optimierung sich nur auf den Prozess richtet.

Dietmair und *Verl* [DV08, DV09c] haben ein generisches Modell für die Quantifizierung des Energieverbrauchs und die Optimierung von Produktionsmaschinen entwickelt. Die Autoren nutzen Zustandsmaschinen zusammen mit Nutzungsprofilen der Maschine, welche beispielsweise aus Teileprogrammen abgeleitet werden. Obwohl dieses Konzept eine einfache Vorhersage des Energieverbrauchs von Maschinen ermöglicht, spielt es für die Optimierung der Maschine eine untergeordnete Rolle. Ein Grund dafür ist, dass die Betriebszustände eine Menge von Steuerparametern beinhalten, welche unabhängig vom Nutzungsprofil optimiert werden müssen. Die Optimierung gilt also nur für einen bestimmten Prozess und muss mit Hilfe von Versuchen mehrmals wiederholt werden.

Ein weiterer Nachteil dieses Modells ist der Mangel an Transparenz bzgl. des Leerlaufverbrauchs der einzelnen Komponenten. Die konfigurierte Leistungsaufnahme entspricht der gesamten Leistungsaufnahme einer Maschinenkomponente bei einem bestimmten Betriebszustand, wobei Leerlaufverbräuche nicht von Betriebslastverbräuchen zu unterscheiden sind.

Zusammenfassend kann gesagt werden, dass es in den letzten Jahren sowohl im Markt als auch im Rahmen wissenschaftlicher Tätigkeiten keine Entwicklung gab, die zum Zweck der Effizienzsteigerung eine gemeinsame Planung der Leistungsbilanz aller Verbraucher der Maschine bei sich ändernden Umwelteinflüssen ermöglicht. Dieses Konzept soll untersucht und mit Hilfe eines automatisierten Energiemanagements umgesetzt werden. Aufgrund einer fehlenden automatisierten Lösung, die den Umgang mit Energie intelligent und bedarfsgerecht kontrolliert, bleiben somit große Energiesparpotenziale ungenutzt.

Kapitel 3

Zielsetzung und Vorgehensweise

Ausgehend von den bestehenden Defiziten im Energiemanagement von Werkzeugmaschinen, die in Kapitel 2.6 erläutert wurden, ergibt sich die übergeordnete **Forschungsfrage** dieser Arbeit:

> Wie lässt sich die Optimierung des Energieverbrauchs einer Werkzeugmaschine automatisieren, sodass ein minimaler Energieverbrauch über die gesamte Betriebsphase unter verschiedenen Betriebsbedingungen sichergestellt wird, ohne die Produktivität der Maschine und die Qualität der gefertigten Produkte zu beeinträchtigen?

Darüber hinaus lassen sich aus dieser zentralen Frage noch zwei weitere Forschungsfragen ableiten:

1. Inwieweit ist eine vorwiegend prozessbezogene Betriebsweise der einzelnen Maschinenkomponenten und Teilsysteme möglich, sodass die Grundlast der Maschine möglichst gering wird?
2. Wie kann man Maschinenmodelle bereitstellen, die mit einem angemessenen Parametrierungsaufwand das energetische Verhalten verschiedener Werkzeugmaschinen abbilden können und ein effizient lösbares Optimierungsproblem darstellen, welches von der Maschinensteuerung in Echtzeit gelöst werden kann?

3.1 Zielsetzung

Im Rahmen dieser Arbeit sollen Methoden und Lösungsansätze systematisch untersucht und bereitgestellt werden, die eine Selbstoptimierung von universellen Werkzeugmaschinen hinsichtlich der Energieeffizienz ermöglichen.

Selbstoptimierende Systeme besitzen die Fähigkeit, autonom und flexibel auf sich ändernde Umweltbedingungen, Eingriffe des Benutzers oder Einwirkungen des Systems zu reagieren. Um dies zu realisieren, muss zunächst die Ist-Situation des Systems analysiert werden. Daraus abgeleitet werden Optimierungsziele bestimmt und letztendlich das Systemverhalten angepasst. Diese drei Schritte können auf verschiedenen Automatisierungsebenen implementiert werden. Dennoch, um das Zusammenspiel der Maschinenkomponenten unabhängig vom Maschinentyp koordinieren zu können, soll das Optimierungssystem zentral auf der *Steuerungsebene* und der *Leitebene* umgesetzt werden.

Um die benötigte Flexibilität und Wandlungsfähigkeit des Systems zu ermöglichen, sollen Methoden zur dynamischen Modellbildung von Teilsystemen untersucht werden. Die generierten Modelle sollen als Basis für die *Anpassung des Systemverhaltens*, auch unter neuen Umgebungsbedingungen, dienen.

Charakteristisch für Werkzeugmaschinen ist die modular erweiterbare Maschinenausstattung, welche es ermöglicht, den unterschiedlichen Anforderungsprofilen der Kunden gerecht zu werden. Unter Energiegesichtspunkten sind diese Module als verschiedene Energieverbraucher und Energieerzeuger zu betrachten, die zusammen kooperieren bzw. gegeneinander konkurrieren.

Der Lösungsansatz dieser Arbeit soll auf einer *Modularisierung der Softwarestruktur* beruhen, die die verschiedenartigen Komponenten der Maschine entsprechend abbildet. Dazu sollen weitere Software-Bestandteile den Energieeinsatz der Werkzeugmaschine gegenüber anderen *Optimierungskriterien* mit Hilfe von übergeordneten Gewichtungen koordinieren.

3.2 Vorgehensweise

Die Lösungsfindung für die gestellten Aufgaben basiert auf einer ersten Analyse des Problems, gefolgt von der Konzeption, der Umsetzung und der Validierung von zwei sich ergänzenden Selbstoptimierungssystemen, welche in die Steuerungs- und Leitebene integriert werden.

Kapitel 4: Analyse der Energiebilanz und Ansätze zur Selbstoptimierung

- Wirkungskette des Energieverbrauchs von Werkzeugmaschinen
- Beziehungen zwischen Maschinenoperationen und Versorgungssystemen
- Energetisches Verhalten von Maschinenachsen
- Die NC-Steuerung als Messdatenerfassungssystem
- Zwischenfazit

Kapitel 5: Selbstoptimierung der Energieversorgung von Maschinenkomponenten

- Modellierung von Versorgungssystemen
- Simulation des Energiemanagements eines Versorgungssystems
- Modellierung des Nutzungsprofils versorgter Maschinenkomponenten
- Einsatz des Optimierungssystems
- Systembewertung
- Zwischenfazit

Kapitel 6: Selbstoptimierung des Energieverbrauchs auf der Prozessleitebene

- Automatische Analyse von Produktionsverläufen
- Terminierung von Pausen des Betriebsmittels
- Ausführung des Energiemanagements
- Einsatz des Optimierungssystems
- Systembewertung
- Zwischenfazit

Kapitel 7: Nutzung und Abgrenzung selbstoptimierender Werkzeugmaschinen

- Fertigungsprofil und Anwendungspotenzial
- Akteure der Umsetzung und Anwendung
- Verlässlichkeit selbstoptimierender Werkzeugmaschinen

Kapitel 8: Zusammenfassung und Ausblick

Abbildung 3.1: *Vorgehensweise zur Lösungsfindung.*

Zunächst werden in Kapitel 4 die Energiebilanz und die Ansätze zur Optimierung von Werkzeugmaschinen analysiert. Eine Ursache-Wirkungs-Analyse zeigt die Wirkungskette des Energieverbrauchs von Werkzeugmaschinen auf und schafft die Basis für die Optimierungskonzepte. Anschließend werden sowohl das energetische Verhalten von Maschinenachsen als auch die Beziehungen zwischen Maschinenoperationen und Versorgungssystemen der Maschine untersucht. Diese Untersuchungen beschreiben das energetische Verhalten von Werkzeugmaschinen mit dem Ziel, eine bedarfsgerechte Steuerung der Maschinenkomponenten zu unterstützen. Darüber hinaus basieren die Ansätze zur Optimierung des Energieverbrauchs auf einer automatisierten Maschinendatenerfassung, die eine wiederkehrende Analyse der Ist-Situation ermöglicht. Demzufolge wird die Anwendung der NC-Steuerung als Messdatenerfassungssystem ebenfalls in Kapitel 4 beschrieben.

Der nächste Arbeitsschritt wird in Kapitel 5 vorgestellt. Die Selbstoptimierung der Energieversorgung von Maschinenkomponenten zielt auf die Steigerung der Energieeffizienz der größten Energieverbraucher an Werkzeugmaschinen. Bei der Modellierung von Versorgungssystemen wird eine funktionale Zustandsmaschine konzipiert. Sie dient als Basis für eine flexible und modulare Modellierung von unterschiedlichen Maschinenteilsystemen, die sich von einem Energiemanagementsystem ansteuern lassen können. Hierbei werden verschiedene Steuerungsstrategien mit Hilfe von Simulationen verglichen. Eine Methode zur Modellierung des Nutzungsprofils versorgter Maschinenkomponenten wird untersucht und bereitgestellt, um eine Anpassung der Optimierung an die sich ändernden Fertigungsbedingungen zu ermöglichen. Ein Prototyp wird aufgebaut und das System wird bei zwei Anwendungsfällen bewertet.

Das zweite, ergänzende Selbstoptimierungssystem bezieht sich auf die Optimierung des Energieverbrauchs auf der Prozessleitebene (Kapitel 6). Zunächst wird ein kognitiver Ansatz zur automatischen Analyse von Produktionsverläufen untersucht und konzipiert. Dieses Verfahren dient als Basis für die Analyse der Ist-Situation, in der die Maschine eingesetzt ist. Anschließend werden wiederkehrende Ereignisse benutzt, um eine Terminierung von Energiesparmodi zu realisieren. Darauf aufbauend wird die automatische Ausführung des Energiemanagements entwickelt. Auch hier wird ein Prototyp aufgebaut und an zwei Anwendungsfällen getestet.

Abschließend werden in Kapitel 7 Anwendungspotenziale und Abgrenzungen der beiden Selbstoptimierungssysteme aufgezeigt, insbesondere hinsichtlich ihrer Verlässlichkeit und die Wechselwirkungen in Bezug auf Zuverlässigkeit und Sicherheit.

Kapitel 4

Analyse der Energiebilanz und Ansätze zur Selbstoptimierung

4.1 Wirkungskette des Energieverbrauchs von Werkzeugmaschinen

Der Energieverbrauch einer Werkzeugmaschine wird hauptsächlich von ihren eigenen Komponenten und Teilsystemen (Energieverbrauchern) verursacht. Das heißt, die Konstruktion der Maschine bestimmt den größten Teil ihres Energieverbrauchs in der Betriebsphase.

Ein anderer wichtiger Faktor ist die Art und Weise, in der die Maschine verwendet wird. Die Leistungskurve und die Verluste der direkten Energieverbraucher hängen von den einzelnen Betriebspunkten und -bedingungen ab. Die Energieverbraucher werden außerdem je nach Betriebspunkt von anderen gekoppelten passiven Maschinenelementen unterschiedlich belastet (z. B. Reibung von Führungen oder Zahnrädern).

Wie in Abbildung 2.2 dargestellt, besteht der Energieverbrauch aus Grund- und Betriebslastverlusten sowie aus dem Prozessbedarf. Die reine Bearbeitungslast entspricht nicht dem unmittelbaren Nutzen der gesamten Arbeit. Logistik und Prozessbeherrschung sind auch nützliche geleistete Arbeiten und sollen somit als Teil des Nutzens bei der Energieeffizienz miteinbezogen werden.

Der Energieverbrauch einer Werkzeugmaschine kann aus verschiedenen Gründen variieren. Abbildung 4.1 zeigt ein Ursache-Wirkungs-Diagramm (Ishikawa-Diagramm), das die Einflussfaktoren des Energieverbrauchs in sechs Größen (6M) unterteilt [PS01].

Der Mensch (i.d.R. Maschinenbediener oder Wartungsfachkräfte) kann durch die manuelle Anpassung des Maschinenverhaltens höheren oder niedrigeren Energieverbrauch verursachen. Sein Bewusstsein hinsichtlich Energie ist ein wichtiger Faktor, der seine Einsparmaßnahmen konditionieren kann, wie z. B. das Abschalten der Maschinenbeleuchtung bei Arbeitspausen.

Neben den konstruktiven Einflussfaktoren einer Maschine (Leistung, Wirkungsgrad, Komponenten, usw.) ist auch ihr Alter ein wichtiger Faktor für den Energieverbrauchs. Der Verschleiß einer hydraulischen Pumpe kann beispielsweise die Ladungszeit eines Speichers verlängern und somit im Lauf der Zeit pro Ladung mehr Energieverbrauch verursachen.

Die Messgeräte der Maschine spielen bei dem bedarfsgerechten Energieeinsatz eine wesentliche Rolle, denn der reale Bedarf muss zunächst erfasst werden. Darüber hinaus können beispielsweise Messungen mit systematischen Abweichungen Qualitätsverluste in der Bearbeitung auslösen und somit Energieverluste verursachen.

Je nach eingesetzten Materialien (Werkstück und Werkzeug) resultieren unterschiedliche Bearbeitungskräfte und Verluste in Form von Wärme. Diese Wärme muss wiederum aus der Maschine abgeführt werden und kann eine zusätzliche Last für das Kühlsystem bedeuten, das somit mehr Energie zum Halten der Maschinentemperatur verbraucht.

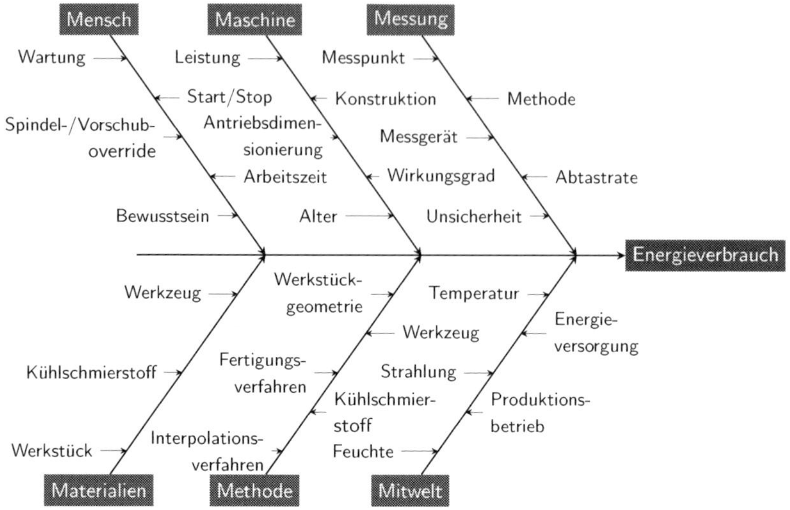

Abbildung 4.1: *Einflussgrößen des Energieverbrauchs einer Werkzeugmaschine.*

Bei der Kategorie „Methode" werden sowohl fertigungs- als auch steuerungstechnische Methoden gemeint. Auf der einen Seite hat die Fertigungsmethode (z. B. Bearbeitungsparameter oder Werkzeuggeometrie) einen starken Einfluss auf das Nutzungsprofil der Maschine und somit auf ihren Energieverbrauch. Auf der anderen Seite beeinflusst z. B. das Interpolationsverfahren der Steuerung das Beschleunigungsprofil der Maschine, was eine unmittelbare Wirkung auf die Leistungsaufnahme der Achsen hat.

Auch die Mitwelt (Umgebung) kann den Energieverbrauch einer Werkzeugmaschine beeinflussen. Wenn die Umgebungstemperatur beispielsweise höher als die Soll-Temperatur des Maschinenbetts ist, verbraucht das Kühlsystem mehr Energie, um den Soll-Wert zu halten. Auch die Energieversorgung in der Maschinenhalle kann mehr oder weniger Verbrauch erfordern. Eine Werkzeugmaschine, die Druckluft direkt aus der Zentralversorgung bekommt, braucht keinen eigenen Luftkompressor und verbraucht somit weniger Energie auf Maschinenebene. Darüber hinaus bestimmt der Produktionsbetrieb viele der Operationen der Maschine, ihre Stillstandszeit und ihr Wartungsintervall.

Die verschiedenen Klassifikationen und Gruppierungen von Energieverbrauchern bei Werkzeugmaschinen (s. Kapitel 2.2.2) können sehr funktionell und verständlich sein. Dennoch ist es mit Hilfe dieser Klassifikationen nicht klar, wo die Abhängigkeiten entstehen. Die Ursache-Wirkungs-Beziehungen des Energieverbrauchs sind versteckt. Beispielsweise, wenn eine Motorpumpe Energie für die Umwälzung von Kaltwasser verbraucht, selbst wenn es nichts zu kühlen gibt, ist es offensichtlich, dass einige Beziehungen nicht berücksichtigt werden. In [AKR10a] werden die Verbraucher nicht parallel geschaltet dargestellt, sondern in drei verschiedenen Bereiche, welche die Energiebedarfe hintereinander bestimmen: der Prozess, die Hauptachsen und die Nebenaggregate (z. B. Kühlschmierstoff, Kühlung, Druckluft, Absaugung und Hydraulik). In diesem Fall lassen sich die Ursache-Wirkungs-Beziehungen einfacher identifizieren. Einige auf dieser Strukturierung basierten Energiesparmaßnahmen werden ebenfalls von Abele *et al.* [AKR10a] erwähnt. Hinsichtlich der Umsetzung von selbstoptimierenden Fähigkeiten weist die Struktur der Wirkungskette einen einzigen Nachteil auf: die Komplexität der Bestimmung des Prozesses in der Steuerung.

Ein einfacher Ansatz für die Klassifikation von Maschinenkomponenten in Bezug auf Energieverbrauch mit Berücksichtigung von Ursache-Wirkungs-Beziehungen ist in Abbildung 4.2 präsentiert. Der obere Teil der Pyramide (d. h. Leitsystem, Bediener und NC-Programm) triggert Befehle und

Operationen für die Maschinenkomponenten, welche eine bestimmte Aufgabe erfüllen sollen. Das ist eine Vereinfachung der Prozessbeschreibung auf Maschinensteuerungsebene. Um ihre Aufgabe zu erfüllen, brauchen die Maschinenkomponenten wiederum Energie, welche der Aufgabe entsprechend von einem Versorgungssystem zur Verfügung gestellt wird. Diese Energie wird also je nach Versorgungssystem und Komponente durch ein spezifisches Medium transportiert. Hydraulikkomponenten nutzen z. B. ein hydraulisches Fluid, welches von einer Hydraulikpumpe oder einem Speicher zur Verfügung gestellt wird. Die notwendige Energie wird mit Hilfe der begrenzten hydraulischen Leistung versorgt.

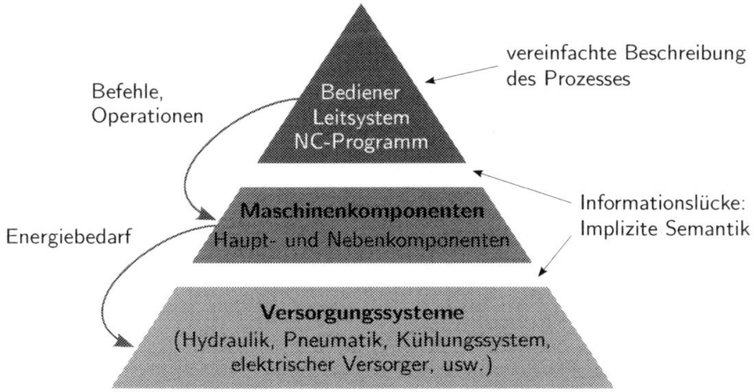

Abbildung 4.2: *Funktionelle Maschinenstruktur und die Entstehung des Energiebedarfs während des Betriebs.*

Während der obere Teil der Pyramide vor allem für die Informationsverarbeitung zuständig ist, führen die Maschinenkomponenten zusammen mit den Versorgungssystemen die Bearbeitung des Werkstücks durch und verbrauchen somit den größten Teil der eingesetzten Energie.

Maschinenkomponenten: Abbildung 4.2 beinhaltet die Aufteilung von Maschinenkomponenten in Haupt- und Nebenkomponenten. Das ist eine funktionale Klassifikation, welche die Identifizierung der Verbraucher aus einer weiteren Perspektive unterstützt. Während typische Hauptkomponenten Spindel und Vorschubachsen sind, können Nebenkomponenten Werkzeugmagazine, Späneförderer, Palettenwechsler und andere umfassen. Um ihre Aufgabe zu erfüllen, sind Maschinenkomponenten auf die Unterstützung der Versorgungssysteme angewiesen. Diese funktionelle Beziehung verursacht Energieverbrauch sowohl bei den Maschinenkomponenten (Verbrauchern) als auch bei den Versorgungssystemen.

Versorgungssysteme: In Werkzeugmaschinen werden verschiedene Arten von Versorgungssystemen eingesetzt. Typische Beispiele sind Hydrauliksysteme, Kühlsysteme und elektrische Leistungsversorger. Sie werden auf Maschinenebene verwendet und unterstützen in der Regel mehrere Maschinenkomponenten. Pneumatikversorger können auch auf Maschinenebene vorhanden sein, allerdings stehen sie oft schon auf Fabrikebene zur Verfügung und werden somit nicht in der Maschine installiert.

Versorgungssysteme haben in der Regel eine konstante physikalische Größe als Schnittstelle für alle Verbraucher (z. B. Hydraulikdruck, elektrische Spannung, usw.) und eine variable physikalische Größe, um die Leistung zu dosieren (z. B. Volumenstrom, elektrischen Strom, usw.). Sie verbrauchen oft mehr Energie als nötig, wegen Überdimensionierung, Aufrechthaltung der Schnittstelle und Verfügbarkeit, und weisen somit ein großes Energiesparpotenzial auf. Trotzdem wenden Werkzeugmaschinenhersteller dieses Konstruktionsparadigma an, da die Investitionskosten niedriger sind und die Verbraucher (Elemente der Maschinenkomponenten) kompakter konstruiert werden können. Tabelle 4.1 listet Vor- und Nachteile von gemeinsamen Versorgern in der Konstruktion von Werkzeugmaschinen auf.

Tabelle 4.1: *Vor- und Nachteile des Einsatzes von gemeinsamen Versorgern auf Maschinenebene bei der Konstruktion von Werkzeugmaschinen.*

Vorteile	**Nachteile**
geringere Investitionskosten	höhere Betriebskosten
einfache Steuerung von Verbrauchern	Versorgungsüberschuss
Energieaustausch zwischen Verbrauchern	Überdimensionierung
kompakte Konstruktion von Verbrauchern	mehr Transportverluste

Ein Beispiel für die Analyse einer realen Maschine auf Basis der beschriebenen funktionellen Maschinenstruktur ist in Abbildung A.1 in Anhang dieser Arbeit dargestellt.

4.1.1 Energieverluste und Einsparpotenziale

Die Identifikation von Verlusten und die systematische Analyse ihrer Ursachen schaffen die Basis für die Entwicklung von energieeffizienten Technologien.

Allgemeine Maßnahmen für die Steigerung der Energieeffizienz von Werkzeugmaschinen, wie die Energierückgewinnung, der Einsatz von energieeffizienten Komponenten mit vernünftiger Dimensionierung sowie die Verkürzung der Taktzeit wurden in Kapitel 2.3 dargestellt.

Neugebauer et al. haben in [NWR$^+$10] die Energieverluste von Maschinenkomponenten in vier Gruppen aufgeteilt: elektrische Verluste, Dämpfungsverluste, Reibungsverluste und Strömungsverluste. Es wird auch zwischen Komponenten- und Systemoptimierung unterschieden, wobei die direkten und indirekten Wirkungen auf die Energieeffizienz erwähnt werden.

Eine andere Vorgehensweise für die Identifikation von Verlusten und Einsparpotenzialen ist die Analyse der direkten Handhabung von Energie mit Blick auf Energieumwandlung, -verteilung und -speicherung. Bei Werkzeugmaschinen ist diese Vorgehensweise dennoch nicht relevant, da die Zuordnung zwischen Energiehandhabung und Maschinenkomponente schwierig ist.

Unter Beachtung der in Abbildung 4.2 vorgeschlagenen Maschinenstruktur kann man die Energieverluste von Werkzeugmaschinen in drei Kategorien aufteilen: *Verbrauchsverluste*, *Versorgungsverluste* und *Versorgungsüberschuss*. In den nächsten Abschnitten werden die einzelnen Kategorien anhand von Beispielen erläutert.

Verbrauchsverluste

Verbrauchsverluste beziehen sich auf die Effizienz der Maschinenkomponenten (Haupt- und Nebenkomponenten) und ihrer Elementen (z. B. Wirkungsgrad von Motoren, Frequenzumrichter, Zahnräder, Zylinder, Ventile, usw.). Mögliche Maßnahmen, um Verbrauchsverluste zu reduzieren, sind:

- Optimierung von Beschleunigungsprofilen,
- Optimierung der Nutzung von KSS (Kühlschmierstoff),
- Energierückgewinnung und -wiederverwendung,
- Optimierung der Maschinenthermodynamik und
- Optimierung der Energieeffizienz von Komponenten.

Diese Maßnahmen können in verschiedenen Lebenszyklusphasen umgesetzt werden. Während einige davon nur in der Konstruktionsphase berücksichtigt werden können, sind andere kontinuierliche Prozesse, die in der gesamten Betriebsphase Anwendung finden.

Versorgungsverluste

Versorgungsverluste sind ähnlich wie Verbrauchsverluste. Sie treten je nach Wirkungsgrad der Komponenten des Versorgers und des Verteilungskreises auf. Einige Maßnahmen, um die Effizienz zu verbessern, sind:

- Eliminierung von Leckagen in Fluidkreisen,
- Verkürzung von Fluidkreisen und
- Optimierung der Energieeffizienz von Komponenten.

Die Konstruktion der Maschine bestimmt hauptsächlich, welche von diesen Maßnahmen berücksichtigt werden.

Versorgungsüberschuss

Versorgungssysteme verbrauchen aufgrund ihres Konstruktionsparadigmas oft mehr Energie als nötig. Neben den häufig überdimensionierten Komponenten sollen Versorgungssysteme einfache Schnittstellen mit den Verbrauchern aufrechterhalten (z. B. konstanter Hydraulikdruck), die energieintensiv sein können. Darüber hinaus müssen Versorgungssysteme immer verfügbar sein, da eine Informationslücke darüber besteht, wann welcher Verbraucher (Maschinenkomponente) Versorgung braucht. Dies verursacht einen Versorgungsüberschuss (Energieverlust), der mit dem Überschuss von versorgtem Medium zusammenhängt.

Das Verhalten eines typischen Versorgungssystems ist in Abbildung 4.3 dargestellt. In diesem Beispiel repräsentieren die Operationen A, B, C und D Versorgungsaufforderungen aus verschiedenen Maschinenkomponenten (Verbrauchern). Diese Operationen unterscheiden sich voneinander hinsichtlich Beginnzeit, Dauer und Last, welche in der mittleren Graphik qualitativ skizziert ist. In diesem Fall entspricht die Leistungsaufnahme des Versorgers (in der oberen Graphik) nicht unmittelbar dem Lastverlauf. Der Grund dafür ist, dass das Versorgungssystem einen Speicher vor der Schnittstelle mit seinen Verbrauchern enthält. Die Leistungsquelle des Versorgers bleibt vom Speicher entkoppelt und wird nur für eine kurze Zeit wieder gekoppelt, wenn der Speicher ein vordefiniertes niedriges Energieniveau erreicht. Diese Reaktion kann an der Steigung der oberen Kurve (Abbildung 4.3) beobachtet werden. Bis zum Zeitpunkt t_1, zwischen t_2 und t_3, und nach t_4 sind gefärbte Bereiche der Leistungsaufnahme zu sehen, die Versorgungsüberschüssen entsprechen. Diese Verluste entstehen, weil der Versorger Energie unaufhörlich verbraucht (Leistungsquelle wird entkoppelt aber nicht abgeschaltet), obwohl es keine Operationen zu versorgen gibt.

Um Verluste wegen Versorgungsüberschuss zu reduzieren, können die folgenden Maßnahmen berücksichtigt werden:

- Umsetzung von Versorger-Controllern[1] zur Maximierung des Nutzungsgrads,
- Eliminierung von Bypässen im Versorgungskreislauf und
- Abschaltstrategien für Versorger.

4.2 Beziehungen zwischen Maschinenoperationen und Versorgungssystemen

Maschinenoperationen sind Arbeitsvorgänge der Maschinenkomponenten. Sie dienen dem Maschienenbetrieb, der Prozesslogistik und -beherrschung, sowie der Formgebung selbst. Um ihre Operationen auszuführen, fordern die Maschinenkomponenten (Energieverbraucher) ein Versorgungssystem auf, das Energie mittels eines bestimmten Mediums zur Verfügung stellt. Die Ausführung jeder Operation kann somit von unterschiedlichen Versorgungssystemen abhängig sein. Ein Beispiel solcher Beziehungen zwischen Maschinenkomponenten und Versorgungssystemen ist in Abbildung 4.4 zu sehen. Die

[1] Das Konzept vom Versorger-Controller wird in Kapitel 5 näher beschrieben.

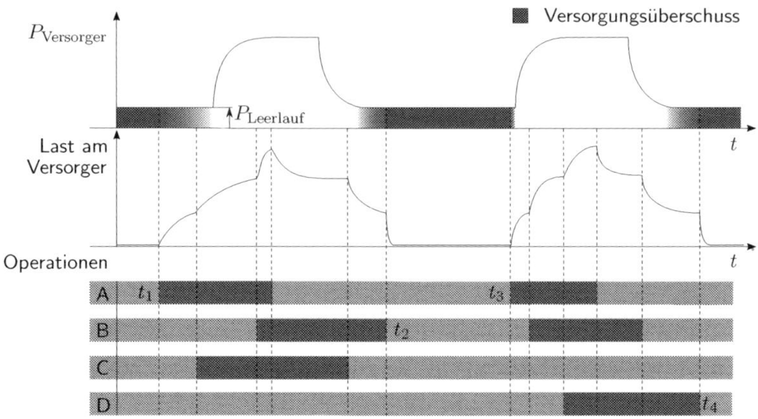

Abbildung 4.3: *Typisches Versorgungssystem mit Lastverlauf und Leistungsaufnahme in Bezug auf den versorgten Operationen.*

Ausführung einer von der Steuerung getriggerten Operation basiert auf einer Beziehung $n \rightarrow m$, wobei eine Menge n von Maschinenkomponenten von m verschiedenen Versorgungssystemen versorgt werden können. Auf diese Weise kann z. B. die Hauptspindel den Werkzeugkegel bei einem Werkzeugwechsel mit Hilfe des Pneumatiksystems ausblasen und reinigen. Der Werkzeughalter löst das Werkzeug mit Unterstützung des Hydrauliksystems. Die für die Bearbeitung nötige Drehzahl wird durch den elektrischen Antrieb erreicht bzw. gehalten und die folgende Abwärme wird mit Hilfe des Kühlsystems abgeführt, so dass die Temperatur der Hauptspindel konstant bleibt.

Obwohl der Energieverbrauch der Versorgungssysteme von den versorgten Operationen abhängig ist, lässt sich diese Beziehung nicht immer unmittelbar erkennen (s. Informationslücke in Abbildung 4.2). Versorgungssysteme können, so wie die Werkzeugmaschine selbst, hohe Grundlastverluste (z. B. Versorgungsüberschüsse, s. Kapitel 4.1.1) aufweisen, welche den operationsbedingten Verbrauch unterdrücken. Darüber hinaus kann die Leistungsaufnahme eines Versorgers von den einzelnen Operationen entkoppelt verlaufen, indem an der Schnittstelle zwischen Versorger und Verbraucher ein Speicher eingesetzt wird.

Abbildung 4.5 zeigt die Leistungsaufnahme eines Hydraulikaggregats in Beziehung zu den entsprechenden versorgten Operationen. In diesem Beispiel steigt die Leistungsaufnahme der Hydraulikpumpe (oberes Kurvenbild), immer wenn der Vorrat im Speicher ein vordefiniertes niedriges Niveau erreicht und eine neue Ladung stattfinden muss[2]. Je nach Größe des Speichers kann das Hydrauliksystem mehr oder weniger Operationen pro Ladung versorgen, so wie in Abbildung 4.3 skizziert wurde. Dennoch deutet die zeitverzögerte Ladung des Speichers nach dem Abschluss einer Operation auf eine mögliche Leckage im Hydraulikkreis. Diese Verzögerung zeigt, dass der Vorrat weiter sinkt, obwohl keine Operation aktiv versorgt wird. Außerdem ist eine Grundlast (P_{GL}) von ca. 528 W zu sehen, welche dem Versorgungsüberschuss des Hydraulikaggregats entspricht.

In Anlehnung an die allgemeine Definition von Energieeffizienz $E_{\mathrm{eff}} = \mathrm{Nutzen}/E_{\mathrm{Aufwand}}$ (s. Kapitel 2.1) kann man die Energieeffizienz eines Versorgungssystems wie folgend auswerten:

$$E_{\mathrm{eff}} = \frac{N_{\mathrm{Op}}}{\Delta E} \tag{4.1}$$

wobei N_{Op} die Anzahl versorgter Operationen beträgt und ΔE die Energie ist, die vom Versorgungssystem für die Versorgung der Operationen verbraucht wurde. Obwohl jede Operation eine

[2]Nähere Angaben über den Betrieb sowie eine Skizze des Hydrauliksystems werden in Kapitel 5.2 dargestellt.

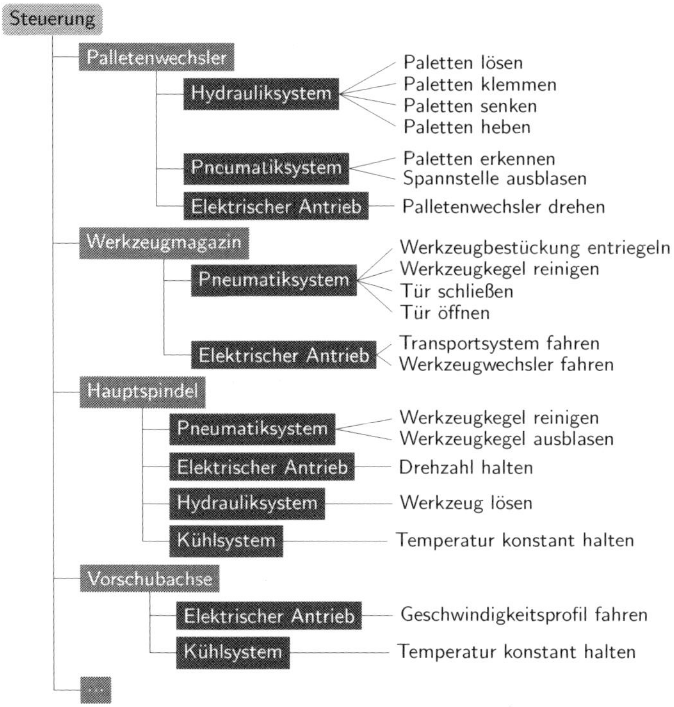

Abbildung 4.4: *Beispiel von Beziehungen zwischen Maschinenkomponenten und Versorgungssystemen zur Ausführung von Operationen bei einem Bearbeitungszentrum.*

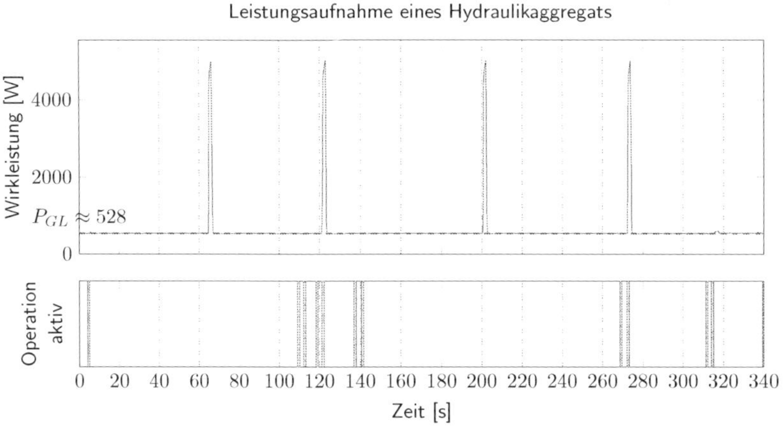

Abbildung 4.5: *Leistungsaufnahme eines Hydraulikaggregats im Vergleich zum Verlauf der entsprechend versorgten Operationen.*

bestimmte minimale Menge an Energie erfordert, spielt diese Variation bei einer ausgewogenen Mischung versorgter Operationen keine bedeutende Rolle. Ein sehr großer Unterschied des Energieverbrauchs zwischen Operationen könnte jedoch mit Hilfe von Gewichtungen kompensiert werden. Wenn eine Operation A z. B. drei Mal so viel Energie wie B, C oder D verbrauchen würde, wäre $N_{\mathrm{Op}} = 3 \times N_{\mathrm{OpA}} + 1 \times N_{\mathrm{OpB}} + 1 \times N_{\mathrm{OpC}} + 1 \times N_{\mathrm{OpD}}$.

Es gibt verschiedene Arten von Maschinenoperationen. Je nachdem, ob ausreichende Sensorik vorhanden ist, die erforderliche Genauigkeit hoch ist oder ein Folge- oder Halteverhalten zu erwarten ist, werden Operationen entsprechend gesteuert bzw. geregelt. In Abbildung 4.6 werden typische Operationen von Werkzeugmaschinen klassifiziert und exemplarisch aufgelistet.

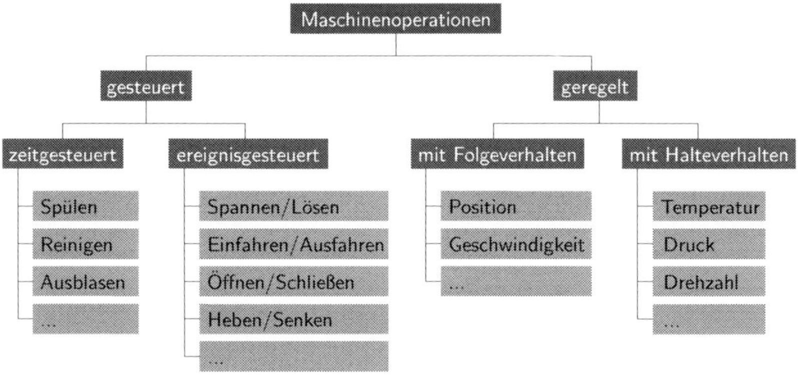

Abbildung 4.6: *Gliederung von typischen Maschinenoperationen.*

In der funktionellen Maschinenstruktur (s. Abbildung 4.2), welche in Form einer Pyramide dargestellt wird, sind drei Entitäten auf der oberen Ebene zu sehen: das Leitsystem, der Maschinenbediener und das NC-Programm. Diese Entitäten sind die Hauptbediener der Werkzeugmaschine und lösen die Operationen für die Produktion aus. Die Logik zur Ausführung und die Triggerung der Operationen werden dennoch auf verschiedenen Ebenen und Geräte implementiert:

NC-Steuerung: Operationen, die in der NC-Steuerung ausgelöst werden, sind meistens vom NC-Programm beschrieben und somit geplant. Einige dieser Operationen sind komplex und bestehen in der Tat aus mehreren einfachen Operationen. Beim Werkzeugwechsel, die im NC-Programm mit einem einzigen Befehl ausgelöst wird, fahren z. B. die Achsen in die Positionen, die Tür des Werkzeugmagazins wird geöffnet, das Werkzeugmagazin positioniert, die Spann-Vorrichtung gelöst und so weiter.

SPS: Die Mehrheit der Operationen, die dem Maschinenbetrieb und der Prozesslogistik dienen, werden in der SPS implementiert. Hilfsfunktionen, welche im NC-Programm eingetragen sind, werden direkt von der NC-Steuerung an die SPS gesendet und dort abgearbeitet. Manche sind kritische bzw. sicherheitsrelevante Operationen und müssen quittiert werden, bevor die NC-Steuerung weitere Operationen triggert. Reaktive Operationen, wie z. B. das Pumpen von KSS aus dem Bearbeitungsbereich zurück in den Tank, werden ebenfalls von der SPS umgesetzt und sind im NC-Programm nicht vorgesehen.

Antrieb: Der Antrieb sorgt dafür, dass die Haupt- und Nebenachsen der Maschine genau ihr Ziel erreichen. Um diese Aufgabe zu erfüllen, verfügen Antriebe über Lage-, Strom- und Geschwindigkeitsregler. Die Soll-Werte dieser Operationen werden normalerweise von der NC-Steuerung vorgegeben, dennoch kann die SPS auch, vor allem für Nebenachsen (z. B. Werkzeugmagazin), einen Soll-Wert festlegen und die Operation auslösen.

4.3 Energetisches Verhalten von Maschinenachsen

In Tabelle 4.2 werden typische Betriebszustände von Werkzeugmaschinen aufgelistet. Jedem Betriebszustand werden Funktionen zugeordnet, welche auch in der Zeitklassifikation von REFA[3] eingegliedert sind. Während Funktionen, die keine unmittelbare Wertschöpfung erzielen, in der Nebenzeit stattfinden, wird die Zeit für die Realisierung von wertschöpfenden Funktionen als Hauptzeit bezeichnet.

Tabelle 4.2: *Einteilung der Betriebszustände einer Werkzeugmaschine in Anlehnung an [GKK+10, SBL10]*

REFA	Betriebszustand		Funktionen
–	Aus		Hauptschalter aus
Nebenzeit	Stand-by		Hauptschalter an, Steuerung „hochgelaufen" und Anzeigen aktiv
	Fertigungsbereitschaft		Prozessunabhängige Systeme aktiv (z. B. Wärmeabfuhr)
			Prozessabhängige Systeme bereit zur Bearbeitung (z. B. Achsen in Regelung)
	Produktivbetrieb	Werkzeugwechsel	WZW inkl. erforderlicher Positionierung
		Werkstückwechsel	WSW inkl. erforderlicher Positionierung
		Positionierung	Positionierbedarf des Prozesses (Eilgang) Anhähern mit Arbeitsvorschub
Hauptzeit		Bearbeitung	Spanabnahme

Obwohl die Leistungsaufnahmen der Maschine sich bei verschiedenen Betriebszuständen deutlich unterscheiden, können sie auch innerhalb eines Betriebszustands, vor allem im Produktivbetrieb, stark variieren. Diese Variation wird hauptsächlich von den Maschinenachsen verursacht, welche für die Positionierung und die Bearbeitung zuständig sind.

Die Spanabnahme (Bearbeitung) zählt bei den spanenden Fertigungsverfahren zur Hauptzeit. Das energetische Verhalten und die Dauer einer Bearbeitung werden vorwiegend durch technologische Fertigungsparameter bestimmt, die einen direkten Einfluss auf die Qualitätsmerkmale des Fertigteils aufweisen können [Dra03]. Eine Optimierung der Fertigungsparameter kann die Maschinensteuerung allein nur begrenzt realisieren, denn die meisten technologischen Parameter basieren auf dem Fachwissen von Experten und werden sowohl mit Hilfe von CAM-Systemen als auch manuell ins NC-Programm eingetragen.

Der Energieverbrauch von Werkzeugmaschinen, welche eine hohe Grundlast aufweisen, wird in der Hauptzeit überwiegend von der Bearbeitungszeit bestimmt. Demzufolge wirken Maßnahmen zur Reduktion der Bearbeitungszeit prinzipiell auch als Energiesparmaßnahmen [DRD11]. Ein gutes Beispiel für die Automatisierung solcher Maßnahme ist die adaptive Vorschubregelung [Fra12], bei der der Vorschubfaktor in der Steuerung je nach Leistungsaufnahme der Hauptspindel angepasst wird und eine Verkürzung der Bearbeitungszeit bis um 10 Prozent erzielt wird.

Dennoch sind die energetischen Einsparpotenziale durch die Steuerung von Maschinen mit niedriger Grundlast noch nicht berücksichtigt worden. Da die Entwicklung von Werkzeugmaschinen bisher stark auf die Reduktion der Taktzeiten fokussiert ist, sind die Steuerungen standardmäßig so konfiguriert, dass die Positionierung (Eilgang) nah an den Grenzwerten der Geschwindigkeit, der Beschleunigung und des Rucks ausgeführt wird. Diese Einstellung führt zu einem höheren Energieverbrauch für die Bewegungen während der Nebenzeit (Eilgang). Eine Senkung dieser Grenzwerte kann im Prinzip

[3] REFA ist der deutsche Verband für Arbeitsgestaltung, Betriebsorganisation und Unternehmensentwicklung, der 1924 als Reichsausschuss für Arbeitszeitermittlung gegründet wurde. Zweck des Verbands ist die Förderung von Wissenschaft und Bildung in den genannten Bereichen.

den Energieverbrauch auf Kosten einer längeren Bewegungsdauer reduzieren. Dieser Kompromiss zwischen Zeitbedarf und Energieverbrauch wird in den nächsten Abschnitten näher erläutert.

In Abbildung 4.7 werden die Verläufe der Position und der Zwischenkreisleistung beispielhaft gegenübergestellt. Genau diese Beziehung zwischen Bewegungsdauer und Energieverbrauch ist der wichtigste Entscheidungsfaktor bei der energetischen Optimierung eines Eilgangs.

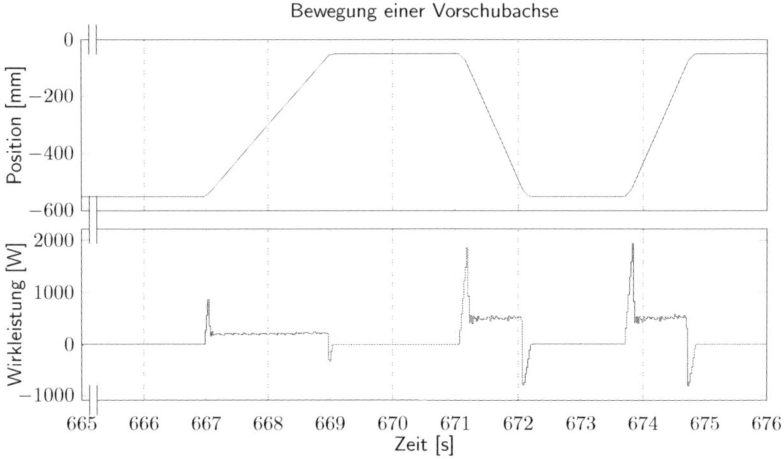

Abbildung 4.7: *Beispiel für den Verlauf der Position und den entsprechenden Verlauf der Zwischenkreisleistung bei der Bewegung einer horizontalen Vorschubachse.*

Um das energetische Verhalten von Maschinenachsen in der Nebenzeit zu untersuchen, wurden bei einem Bearbeitungszentrum BA S03-11 der Firma Schwäbische Werkzeugmaschinen GmbH (siehe die technischen Daten in Anhang A.1) verschiedene Bewegungsprofile zusammen mit der Leistungsaufnahme mehrerer Achsen synchron aufgezeichnet. Für diesen Versuch mussten NC-Programme geschrieben werden, so dass die unterschiedlichen Betriebspunkte erreicht werden konnten. Mit Hilfe der NC-Befehle `AVE`, `AAC`, `AJK` des MTX NC-Steuerung der Firma Bosch Rexroth AG konnten jeweils die maximale Geschwindigkeit ($V_{\max}$), die maximale Beschleunigung ($A_{\max}$) und der maximale Ruck ($J_{\max}$) während des Bearbeitungszyklus angepasst werden. Diese Kommandos ändern die Bahnplanung der Positionierbewegung des NC-Programms, so dass unterschiedliche Betriebspunkte während der Eilgänge ausgeführt werden, und damit die entsprechenden unterschiedlichen Bahnplanungen und Energieverläufe aufgezeichnet werden.

Die Liste der Maximalwerte für Geschwindigkeit, Beschleunigung und Ruck, die benutzt wurden, ist in Tabelle 4.3 dargestellt. Das NC-Programm war so geschrieben, dass alle möglichen Kombinationen der drei Größen ausgeführt wurden.

Das Ergebnis des Versuchs mit einer Achse wird in Abbildung 4.8 zusammengefasst. Die Punktwolke entpricht der Achsenbewegung mit verschiedenen Kombinationen von Parametern. Um die Energieeinsparung explizit darzustellen, wurde für jede Bewegung ein Wert für die prozentuale Steigerung der Dauer und Energieeinsparung berechnet. Der schnellsten Bewegung wurde einen Wert von 0 Prozent Zeitverlängerung zugewiesen. Zwei Punkte der Punktwolke wurden beispielsweise ausgesucht und in Abbildung 4.8 mit den Buchstaben A und B markiert. Während der Punkt A eine maximale Geschwindigkeit von ca. 30000 mm/min und eine maximale Beschleunigung von ca. 2,4 m/s^2 erreicht hat, erzielte der Punkt B 15000 mm/min bzw. 1,56 m/s^2. Der tatsächlich erreichte Ruck war für beide Punkte gleich 30 m/s^3. Darüber hinaus wies die Bewegung vom Arbeitspunkt A keine Phase mit konstanter Geschwindigkeit auf.

Tabelle 4.3: *Unterschiedliche Maximalwerte für Geschwindigkeit, Beschleunigung und Ruck*

max. Geschwindigkeit [mm/min]	max. Beschleunigung [m/s^2]	max. Ruck [m/s^3]
1.440	0,11	1,4
2.880	0,22	4,2
4.320	0,33	28,0
14.400	1,10	56,0
28.800	2,20	63,0
43.200	3,30	70,0
57.600	4,40	
64.800	4,95	
68.400	5,23	
72.000	5,50	

Um die maximale mögliche Energieeinsparung zu berechnen, wurde das Systemverhalten mithilfe eines Polynoms zweiter Ordnung vereinfacht modelliert. Mit einer Zeitverlängerung um ca. 135 Prozent kann eine maximale Energieeinsparung von ca. 44 Prozent bei der genannten Positionierungsbewegung erreicht werden. Diese Betrachtung bezieht sich allerdings nur auf den Energieverbrauch der Y-Achse. Während der gesamten Fertigungsbereitschaft und des Produktivbetriebs einer Werkzeugmaschine verbraucht die Werkzeugmaschine aufgrund der aktivierten Hilfsaggregate eine zusätzliche Grundlast. Diese konstante Grundlast kann zusammen mit den durch die Zeitverlängerung resultierenden Produktivitätsverlusten den Anteil eingesetzter Energie pro gefertigtes Werkstück vergrößern.

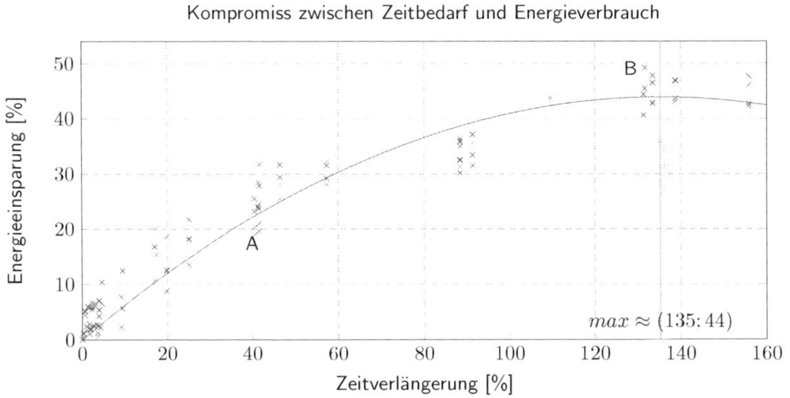

Abbildung 4.8: *Energieeinsparungspotenzial beim Antrieb der Y-Achse der Werkzeugmaschine BA S03-11 für eine Positionierungsbewegung von 300 mm.*

Um das Energieeinsparungspotenzial bezüglich des gesamten Energieverbrauchs der Maschine zu ermitteln, wird ein Szenario betrachtet, bei dem die Vorschubachsen X, Y und Z gleichzeitig eine Bewegung von 300 mm realisieren. Insbesondere die Z-Achse (vertikal) bewegt sich aufwärts. Bei dieser Bewegung werden für jede Achse die Parameter so gewählt, dass die Bewegung schnellst möglich ausgeführt wird. Der Anteil des Energieverbrauchs jeder Achse wird dann genutzt, um einen relativen Anteil der Grundlast zu jeder Achse zuordnen zu können. Der Y-Achse werden 37 Prozent der Grundlast von 2 kW zugeordnet.

Das Ergebnis der neuen Berechnung mit einer der Y-Achse zugeordneten Grundlast von 740 W ist in Abbildung 4.9 dargestellt. Hierbei wurde ebenfalls einen Polynom zweiter Ordnung angewendet, um das Systemverhalten abzubilden. Trotz der vereinfachten Modellierung ist es bereits an der Punktwolke der Abbildung zu erkennen, dass die maximale Energieeinsparung zu einer niedrigen Zeitverzögerung verschoben wird. Die maximale Energieeinsparung wird bei ca. 101 Prozent Zeitverzögerung erwartet. Die Einsparung durch diese Zeitverzögerung bedeutet für den gesamten Energieverbrauch der Maschine ca. 11 Prozent[4].

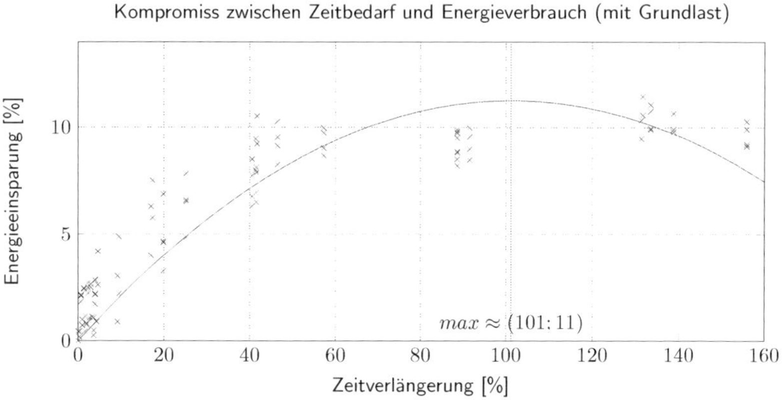

Abbildung 4.9: *Energieeinsparungspotenzial beim Antrieb der Y-Achse während der simultanen Bewegung der X-, Y- und Z-Achsen, unter Berücksichtigung einer Grundlast von 2 kW.*

Durch die zuvor genannten Ergebnisse kann man zu folgender Verallgemeinerung kommen: Je größer die Grundlast im Vergleich zum Energieverbrauch der Achsen ist, desto schneller müssen die Achsen ihre Bewegungen ausführen, um eine maximalle Energieeffizienz zu erreichen. Es ist jedoch zu erwarten, dass mit der Weiterentwicklung von energieeffizienten Hilfsaggregaten die Grundlast kontinuierlich sinken wird, und damit die Bedeutung des Energieverbrauchs der Achsen zunehmen wird.

Das hier dargestellte Beispiel für das Energieeinsparungspotenzial bezieht sich spezifisch auf die Y-Achse einer BA S03-11 Werkzeugmaschine, wenn eine Positionierungsbewegung von 300 mm während der Nebenzeit (Positionierung) ausgeführt wird. Positionierungsbewegungen, wie diese, können in einem realen NC-Programm vorkommen.

Für jede andere Positionierungsbewegung bzw. für jede andere Achse kann die Kombination der Parameter zu einem anderen Kompromiss zwischen Zeitbedarf und Energieverbrauch führen. Ein Optimierungsprozess sollte genau dies vor jedem Positionierungssatz im NC-Programm berücksichtigen, um die bestmögliche Einstellung der Parameter für jede Achse nach dem gewünschten Kompromiss zu treffen.

Auch eine Optimierung auf CAM-System-Ebene wäre möglich, in dem ein Modell, ähnlich wie die dargestellten Kurven (Abbildungen 4.8 und 4.9), die Basis für die Auswahl der Parameter anlegen würde. Dennoch ist der Ansatz für eine Selbstoptimierung der Achsenbewegungen auf der Maschinensteuerungsebene von geringer Bedeutung, denn das Einsparpotenzial ist aufgrund der hohen Grundlast noch sehr gering. Darüber hinaus wären solche Verzögerungen in der Nebenzeit unter den aktuellen Betriebsbedingungen meistens inakzeptabel. Die folgenden Arbeiten werden sich somit auf die Reduzierung der Grundlast von Werkzeugmaschinen in verschiedenen Betriebszuständen beziehen.

[4] Der Energieverbrauch pro gefertigtes Werkstück wird hier nicht betrachtet.

4.4 Die NC-Steuerung als Messdatenerfassungssystem

Die Messtechnik und die entsprechende automatisierte Messdatenerfassung sind Voraussetzungen für die Selbstoptimierung einer Werkzeugmaschine. Denn zum einen ist ein Optimierungspotenzial nur erkennbar, wenn zwei Werten verglichen werden können. Zum anderen kann die Maschine nur selbst reagieren, wenn sie Messdaten automatisch erfassen kann.

In Bezug auf die Energieeffizienz ist das Optimierungspotenzial eng an die herzustellenden Teile und die damit verbundenen Prozesse gekoppelt: das sogenannte Nutzungsprofil. Die NC-Steuerung einer Werkzeugmaschine (inklusive SPS) verfügt bereits über viele Informationen, aus denen das Nutzungsprofil abgeleitet werden kann, und ist mit einer Vielzahl wesentlicher Verbraucher verbunden. Die Steuerung kennt daher bereits viele Betriebszustände von Verbrauchern wie Vorschubachsen, Arbeitsspindeln, Nebenaggregate etc. Darüber hinaus werden diese Zustände im Ablauf des SPS-Programms und des Teileprogramms gezielt beeinflusst (Schaltbefehle u.a.). Die Synchronisierung der NC-Befehle mit anderen Signalen der Maschine ermöglicht somit die Analyse und die Optimierung prozessbezogener Verbräuche.

Um eine synchrone Aufzeichnung von Maschinen- und Prozessdaten zu ermöglichen, wurde ein auf den NC-Kern zielendes Software-Modul konzipiert [BL09, Fah10], das in der Steuerung *MTX IndraMotion* der Fa. Bosch Rexroth implementiert wurde und in Echtzeit ausgeführt werden kann. Die nächsten Abschnitte beschreiben die Betriebsweise dieses Moduls und anderer damit verbundener Softwarekomponenten, welche die Auswertung der aufgezeichneten Daten unterstützen.

4.4.1 Aufbau und Ablauf des Aufzeichnungssystems

Das Aufzeichnungssystems der Steuerung *MTX IndraMotion* besteht aus zwei Hauptkomponenten: einem Modul im NC-Kern und einer PC-Anwendung. Während das NC-Kern-seitige Modul direkten Zugriff auf die Maschinen- und Prozessdaten hat und die tatsächliche Aufzeichnung in Echtzeit durchführt, ermöglicht die PC-seitige Anwendung neben der Konfiguration der Aufzeichnung eine nachträgliche Verarbeitung und Auswertung der aufgezeichneten Signale.

Vor dem eigentlichen Aufzeichnen werden in der PC-Anwendung alle nötigen Einstellungen getroffen. Im Wesentlichen sind die aufzuzeichnenden NC-Kanäle und Signale sowie die Triggerbedingungen für den Start und für das Ende einer Aufzeichnung vorzugeben. Die Signale sind Informationsträger, die auf drei verschiedenen Datenquellen basieren:

NC: Daten aus der NC beziehen sich vor allem auf die Bewegung der Haupt- und Nebenachsen. Soll-Position und -Geschwindigkeit sind typische Beispiele von aufgezeichneten Größen aus der NC.

SPS: Symbole bzw. Variablen des SPS-Programms können ebenfalls aufgezeichnet werden. Direkte E/A-Signale der SPS werden erst in Symbole abgebildet und können dann mit aufgezeichnet werden. Die Tatsache, dass SPS frei programmierbar sind und über mehrere Schnittstellen mit anderen Maschinenkomponenten verfügen, erweitert das Spektrum von aufzuzeichnenden Variablen bzw. Messgrößen erheblich. Auf Basis von SPS-Symbolen können beispielsweise Zustände verschiedener Energieverbraucher aufgezeichnet werden.

Antrieb: Auch Antriebsparameter (sercos Parameter) können aufgezeichnet werden. Steuer- und Statusdaten werden nach der Aufzeichnung in Form von Signalen dargestellt. Typische relevante Antriebsparameter sind Dynamikgrößen wie Leistung, Moment oder Geschwindigkeit (Ist-Wert).

Am Ende einer Aufzeichnung werden die aufgezeichneten Rohdaten auf der Festplatte des IPCs gespeichert. Ab diesem Zeitpunkt können die ausgelesenen Daten dann mittels der PC-Anwendung weiter verarbeitet werden.

4.4.2 Abtastung und Aufzeichnung

Die Abtastrate der Aufzeichnung kann maximal dem Interpolationstakt der NC-Steuerung (d. h. bis 4 ms ≙ 250 Hz) entsprechen. Ein Zwischenpuffer begrenzt die Anzahl von aufzuzeichnenden Signalen auf maximal zehn Werte pro Abtastung, um die maximale Abtastrate nicht zu überschreiten. Dies beschränkt auch die Synchronisierung von weiteren Signalen, welche nur verzögert aufgezeichnet werden können. Insgesamt können einhundert Symbole bzw. Signale pro Aufzeichnung „gleichzeitig" aufgezeichnet werden, wobei jede Gruppe von zehn Symbolen gegenüber den vorhergehenden um einen Takt verzögert ist. Die folgende Matrix beschreibt den Zwischenpuffer des Aufzeichnungsmechanismus:

$$A = \begin{pmatrix} s_{1,1} & \cdots & s_{1,j_{\max}} \\ \vdots & \ddots & \vdots \\ s_{i_{\max},1} & \cdots & s_{i_{\max},j_{\max}} \end{pmatrix} \tag{4.2}$$

Je nachdem, wie viele Symbole aufgezeichnet werden sollen, variiert man $i_{\max}$ und $j_{\max}$. Die Grenzen der Matrix A sind $1 \leq i_{\max} \leq 10$ und $1 \leq j_{\max} \leq 10$ mit $i_{\max}$ und $j_{\max} \in \mathbb{N}$ und ihre Abtastung dauert $j_{\max} \times \mathrm{T_{Ab}}$ ms, wobei die Abtastperiode T_{Ab} größer gleich dem Interpolationstakt ist.

Die Matrix A wird wiederholend abgetastet, solange die Aufzeichnung läuft. Somit können, wenn eine Aufzeichnung eine diskrete Dauer von $n_{\max} \in \mathbb{N}$ hat, die aufgezeichneten Signale wie in 4.3 spezifiziert werden:

$$s_{i,j} : \mathbb{N} \to \mathbb{R},\ z \mapsto s_{i,j}(z) \tag{4.3}$$

wobei

$$z(n) = \mathrm{T_{Ab}}(n \cdot j_{\max} + j) \quad \forall\, n \in \mathbb{N} \,/\, n \leq n_{\max}$$

Um Speicherplatz bei längeren Aufzeichnungen einzusparen, werden nur Werte gespeichert, welche eine minimale Variation Δs in Bezug auf den vorherigen Werte der entsprechenden Signale aufweisen:

$$(s_{i,j} \circ z)\,(n) > (s_{i,j} \circ z)\,(n-1) + \Delta s$$

4.4.3 Analyse der Messdaten

Das Verhalten eines selbstoptimierenden Systems besteht aus der Wiederkehr von drei Aktionen: Analyse der Ist-Situation, Bestimmung der Systemziele und Anpassung des Systemverhaltens, wobei die „Analyse der Ist-Situation" eine direkte Beziehung zur automatischen Datenerfassung darstellt. Um einen Regelkreis schließen zu können, ist es notwendig, dass der aktuelle Zustand des Systems mit Hilfe von Messungen und Beobachtungen bzw. Modellen analysiert wird. Somit ist eine unmittelbare Ermittlung von Messwerten oft nur ein erster Schritt in einer komplexeren Analyse.

Da die Verläufe der Maschinenoperationen dem Nutzungsprofil der Werkzeugmaschine entsprechen und somit die Basis für die Optimierung der Energieeffizienz legen (s. Kapitel 4.2), ist es wichtig, dass die aufgezeichneten Signale in Operationen umgerechnet werden. Manche Operationen werden aus einer Kombination von Symbolen berechnet. Wenn z. B. eine Operation durch zwei SPS-Signale „Starten" und „Stoppen" bestimmt wird, müssen beide Symbole aufgezeichnet und zusammengefasst werden, damit eine vollständige Operation abgebildet wird.

Um die aufgezeichneten Signale weiterverarbeiten und analysieren zu können sowie deren Beziehungen zu berücksichtigen, wurde ein Berechnungs- und Modellierungsframework auf der PC-seitigen Anwendung des Aufzeichnungssystems implementiert. Mit Hilfe dieses Frameworks ist es möglich maschinenspezifische Modelle zu bilden, welche sowohl energetische Größen als auch Maschinenoperationen beschreiben.

Die Analyse der Ist-Situation einer Operation „Achsbewegung“ könnte z. B. wie im Folgenden durchgeführt werden:

1. Aufzeichnung des Parameters „Ist-Position der Achse“;
2. Berechnung der Ableitung des Signals zur Gewinnung der Geschwindigkeit und
3. Verwendung eines Filters mit Schwellwerten zur Erzeugung eines Booleschen Signals (Einsen bedeuten Bewegung und Nullen bedeuten Stillstand).

Das Ergebnis ist in Abbildung 4.10 dargestellt. Während die obere Kurve (Signal der Ist-Position) aufgezeichnet wurde, ermöglicht das Berechnungsframework die automatische Ableitung des aufgezeichneten Signals (d. h. Berechnung der Geschwindigkeit) und die Erzeugung des Operationssignals „Achsbewegung“.

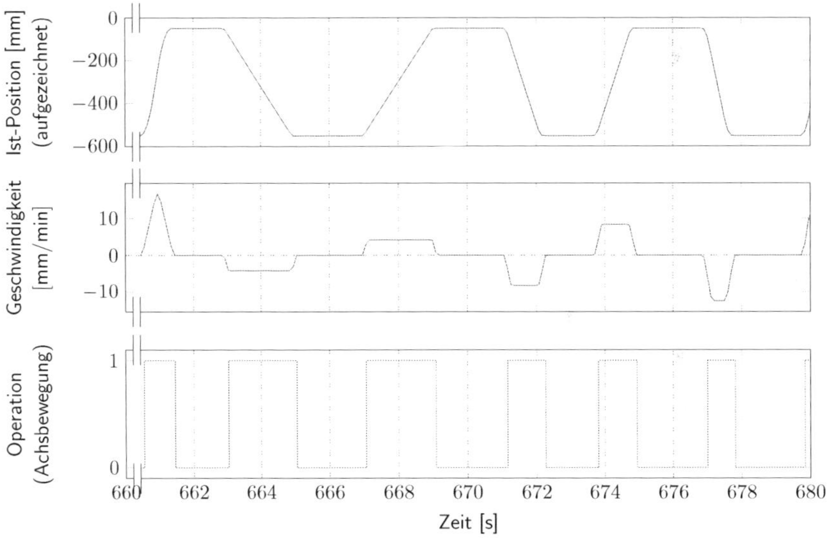

Abbildung 4.10: *Beispiel für die Analyse von aufgezeichneten Signalen und die Erzeugung eines Operationssignals.*

4.5 Zwischenfazit

In diesem Kapitel wurde die Wirkungskette des Energieverbrauchs von Werkzeugmaschinen analysiert und eine funktionelle Maschinenstruktur hinsichtlich der Entstehung des Energiebedarfs präsentiert. Hierzu wurden die Maschinenkomponenten und die Versorgungssysteme als Hauptverbraucher identifiziert. Die Informationslücke zwischen Verbrauchern und Versorgern erzeugen Versorgungsüberschüsse, die ein großes Potenzial zur Energieeinsparung mithilfe steuerungsseitiger Maßnahmen darstellen. Um dieses Potenzial nutzen zu können, wurden die Beziehungen zwischen Maschinenoperationen und Versorgungssystemen zusätzlich analysiert.

Das energetische Verhalten von Maschinenachsen wurde ebenfalls untersucht. Der Einsatz einer Selbstoptimierung der Achsbewegung auf der Steuerungsebene hat sich jedoch als weniger relevant gezeigt, weil das Einsparpotenzial aufgrund der hohen Grundlast von typischen Werkzeugmaschinen noch sehr gering ist.

Die NC-Steuerung hat sich als geeignetes System zur automatischen Erfassung von Maschinendaten gezeigt. Typische moderne NC-Steuerungen verfügen über ausreichende Speicherkapazität und können vorhandene Messdaten in Echtzeit aufzeichnen. Die Übertragung der aufgezeichneten Daten auf einen übergeordneten Rechner ermöglicht die weitere Analyse der Daten für die Analyse der Ist-Situation.

Kapitel 5

Selbstoptimierung der Energieversorgung von Maschinenkomponenten

5.1 Modellierung von Versorgungssystemen

Unter Berücksichtigung der in Kapitel 4 beschriebenen Strukturen und Klassen von Energieverbrauchern, sowie deren Verluste und Einsparpotenziale, können Versorgungssysteme so modelliert werden, dass eine nachfolgende Optimierung des Systems unterstützt wird. Der Fokus dieser Vorgehensweise ist die Reduktion des Versorgungsüberschusses mit Hilfe von Versorger-Controllern. Derartige Controller sollen in der Lage sein, Versorgungssysteme auf verschiedene Modi bzw. Zustände zu schalten, um eine Absenkung des Gesamtenergieverbrauchs zu erzielen.

Eine ähnliche Modellierung wurde von *Dietmair* und *Verl* [DV09a] präsentiert (s. Kapitel 2.4.3). Die Autoren befassten sich mit der Abschätzung des Energieverbrauchs von Produktionsmaschinen unter Verwendung von Zustandsmaschinen und Nutzungsprofilen. Jeder Zustand entspricht einer vordefinierten Energiebilanz zwischen den Maschinenkomponenten (Energieverbrauchern) und kann je nach Nutzungsprofil erreicht werden. Obwohl dieses Konzept die Abschätzung und die Vorhersage des Energieverbrauchs ermöglicht, weist es keine ausreichende Unterstützung für die Umsetzung selbstoptimierender Systeme auf. Der Grund dafür ist, dass die Betriebszustände Parametermengen besitzen, welche unabhängig von dem Nutzungsprofil optimiert werden müssen und somit Variationen bei dem Einsatz der Maschine ignorieren. Ein weiterer Nachteil dieser Vorgehensweise ist der Mangel an Transparenz, sobald Betriebs- und Grundlastverluste in der Energiebilanz zusammengefasst werden und individuelle Energieeinsparpotenziale, wie z. B. der Versorgungsüberschuss, verborgen bleiben.

5.1.1 Funktionale Zustandsmaschine für Teilsysteme

Um das Problem des Versorgungsüberschusses (s. Kapitel 4.1.1) anzugehen und die Basis für die Entwicklung eines selbstoptimierenden Systems anzulegen, wurde die sogenannte funktionale Zustandsmaschine für Teilsysteme von Werkzeugmaschinen (z. B. Versorgungssysteme) konzipiert. Diese Zustandsmaschine unterscheidet sich von der in [DV09a] präsentierten Zustandsmaschine in verschiedenen Aspekten:

- Transitionen weisen nicht nur Zeitbedarf auf, sie verbrauchen auch Energie.
- Zustände entsprechen nicht nur der aktuellen Aktivität der Maschine, sie beziehen sich auf die momentan unterstützten Operationen, welche jedoch nicht unbedingt aktiv sind.
- Jedes Versorgungssystems hat seine eigene Zustandsmaschine.
- Operationen werden beschrieben und stellen bei der Ausführung sowohl Zeitbedarf als auch Energieverbrauch dar.

Die Grundidee ist die optimierungsorientierte Modellierung der Versorgungssysteme und die Unterstützung der sogenannten Abschaltstrategien, wie sie in [SBB11] präsentiert wurde. Nach dieser Vorgehensweise kann das Optimierungsproblem auf der Energieversorgungsebene so definiert werden:

> *Finde die beste Trajektorie bzw. den besten Zustand unter Berücksichtigung der erforderlichen Operationen und zeitlichen Einschränkungen, um den Versorgungsüberschuss und somit den Gesamtenergieverbrauch zu reduzieren.*

Bei der mathematischen Formulierung des Modells wird eine Operation ω_i definiert als ein Tupel:

$$\omega_i = (\Delta T, P_{\text{Betrieb}}), \tag{5.1}$$

wobei ΔT dem Zeitbedarf zur Ausführung der Operation entspricht und P_{Betrieb} die durchschnittliche Leistungsaufnahme ist, die auf der Versorgungsebene während der Ausführung verursacht wird. Eine Operation kann von einem oder mehreren Zuständen unterstützt werden, so dass ein Zustand wie im Folgenden definiert werden kann:

$$\sigma_j = (P_{\text{GL}}, \Omega_j) \qquad \Omega_j = \{\omega_i \mid i = A, B, \ldots\}. \tag{5.2}$$

In diesem Tupel ist P_{GL} die konstante Leistungsaufnahme, die allein die Grundlast des modellierten Systems erzeugt, und Ω_j ist eine Menge vom Zustand σ_j unterstützter Operationen. Die Transitionen zwischen den Zuständen können auch als Tupel definiert werden:

$$\theta_k = (\sigma_{\text{A}}, \sigma_{\text{Z}}, \Delta T, \Delta E), \tag{5.3}$$

wobei σ_{A} bzw. σ_{Z} dem Ausgangs- bzw. Ziel-Zustand entsprechen. Die Dauer der Transition wird als ΔT bezeichnet und ΔE ist die Energie, die während der Transition verbraucht wird.

Das kombinatorische Optimierungsproblem für die Minimierung der Verluste (d. h. Versorgungsüberschüsse) kann gelöst werden, in dem die beste Trajektorie von Zuständen für jede Gruppe von vorhergesehenen Operationen gefunden wird. Die Bewertung der einzelnen Zustände in Bezug auf den Energieverbrauch basiert auf der Summe der Grundlastverbräuche und der transitionsbezogenen Verbräuche im Zeitbereich der vorhergesehenen Operationen. Sobald verschiedene Trajektorien für ein bestimmtes Nutzungsprofil berechnet werden, die sowohl die zeitlichen als auch die funktionalen Randbedingungen erfüllen, kann die am energetisch günstigste Trajektorie ausgewählt und ausgeführt werden.

Abbildung 5.1 zeigt ein Zustandsübergangsdiagramm als Beispiel für die Modellierung eines Versorgungssystems. Das Modell besitzt vier Zustände (Modi genannt), die jeweils bis zu vier unterschiedliche Operationen unterstützen. Der Modus σ_1 unterstützt keine Operation und könnte beispielsweise dem ausgeschalteten Zustand des Versorgungssystems entsprechen. Die Modi σ_2 und σ_3 könnten niedrige Grundlastverbräuche aufweisen, denn sie unterstützen nur zwei von vier möglichen Operationen. Im Gegensatz dazu werden alle vier Operationen auf Modus σ_4 unterstützt. Darüber hinaus erlaubt die Transition θ_7 einen unmittelbaren Wechsel vom Modus σ_4 auf den Modus σ_2. Solche Transitionen ermöglichen z. B. die Modellierung eines simultanen Abschaltens zweier Komponenten des Versorgungssystems.

Die auf der Zustandsmaschine basierende Ansteuerung eines Versorgungssystems muss grundsätzlich zwei Funktionen erfüllen: Energie sparen und Verfügbarkeit erhalten. Um beide Funktionen zu gewährleisten, muss der Controller ereignisgesteuert reagieren und bei jeder Entscheidung sowohl Zeit als auch Energie berücksichtigen. Im Prinzip definieren zwei Ereignisse das Verhalten des Controllers:

Ende einer Operation: Der Controller wechselt den Zustand, um Energie zu sparen;

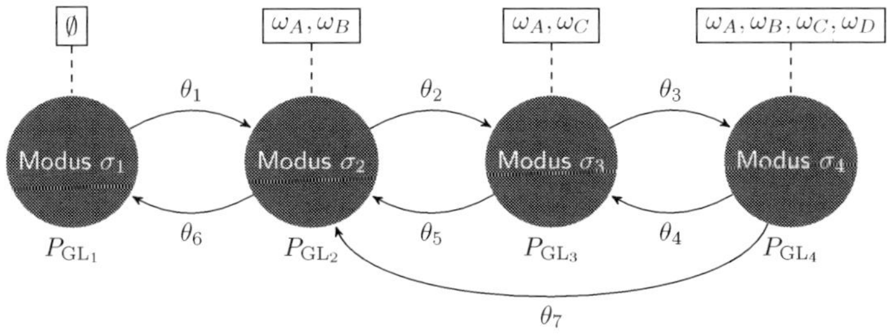

Abbildung 5.1: *Beispiel einer funktionalen Zustandsmaschine für die Modellierung eines Versorgungssystems mit vier Energiemodi (Zuständen) und vier unterstützten Operationen.*

Beginn einer Operation: Der Controller wechselt den Zustand kurz vor Beginn der Operation, um die Verfügbarkeit zu erhalten.

Abbildung 5.2 zeigt ein Beispiel eines Nutzungsprofils (Verlauf der Operationen ω_A, ω_B, ω_C und ω_D) im Laufe der Zeit und die Festlegung der besten Trajektorie für die vorhergesehenen Operationen. Bei diesem Beispiel wurde die funktionale Zustandsmaschine der Abbildung 5.1 angewendet. Damit Zeit und Energie in Betracht gezogen werden, sind insgesamt vier Schritte notwendig, um die beste Trajektorie zu finden:

1. Vorschau der Operationen für das nächste mögliche Zeitfenster (z. B. bis t_8);
2. Festlegung der passenden Zustände bei jedem Beginn bzw. Ende einer Operation;
3. Berechnung des Zeitbedarfs und Ausschluss der unpassenden Transitionen;
4. Berechnung des Gesamtenergieverbrauchs und Auswahl der besten Trajektorie.

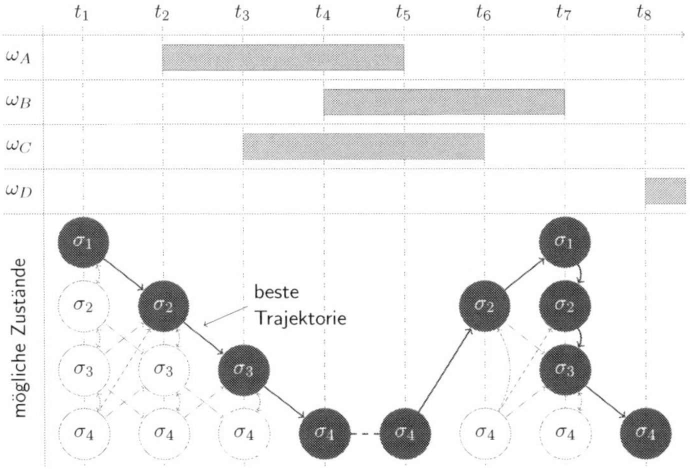

Abbildung 5.2: *Beispiel eines Nutzungsprofils mit den möglichen passenden Zuständen für die Operationen ω_A, ω_B, ω_C und ω_D sowie der optimalen Trajektorie im Bezug auf Energieverbrauch.*

Die Nachteile der funktionalen Zustandsmaschine sind die aufwendige Anwendung dieses Modells und die starke Abhängigkeit von der Reichweite bei der Vorschau von Operationen. Darüber hinaus weisen übliche Versorgungssysteme in der Regel keine komplexen Strukturen auf, die die volle Flexibilität des Modells in Anspruch nehmen könnten. Aus diesen Gründen wird im nächsten Abschnitt eine vereinfachte Zustandsmaschine präsentiert, welche die wichtigsten Vorteile der funktionalen Zustandsmaschine besitzt und dennoch einfach und effizient angewendet werden kann.

5.1.2 Vereinfachte funktionale Zustandsmaschine

Die vereinfachte funktionale Zustandsmaschine basiert auf den Gleichungen 5.2 und 5.3 und wird von zusätzlichen Randbedingungen begrenzt. Die erste Annahme für die Gültigkeit der vereinfachten funktionalen Zustandsmaschine ist die progressive Steigung der Grundlast (s. Ungleichung 5.4). Somit wird sichergestellt, dass bei einer Trajektorie in einer Richtung immer eine steigende bzw. sinkende Grundlast erreicht wird.

$$P_{\mathrm{GL}_j} > P_{\mathrm{GL}_{j-1}} \tag{5.4}$$

Darüber hinaus ist es wichtig, dass die Anzahl unterstützter Operationen der Grundlast entsprechend größer wird (s. Bedingung 5.5). Diese Randbedingung erleichtert die Ansteuerung und Optimierung des modellierten Versorgungssystems, sobald die Zielkonflikte Energieeinsparung und Erhaltung der Verfügbarkeit sich in den Trajektorien der Zustandsmaschine widerspiegeln. Wechselt der Controller die Zustände in einer Richtung, wird die Funktionalität des Versorgungssystems erhöht und die notwendige Verfügbarkeit sichergestellt. Versucht der Controller Energie zu sparen, muss er einfach die Trajektorie in der Gegenrichtung folgen.

$$\Omega_j \subset \Omega_{j-1} \tag{5.5}$$

Letztendlich müssen Zustände immer erreichbar sein. Das heißt, es gibt immer einen Weg hin und zurück zwischen benachbarten Zuständen. In Abbildung 5.3 wird ein Zustandsübergangsdiagramm dargestellt, das einer Vereinfachung des in Abbildung 5.1 präsentierten Modells entspricht. Das Modell wurde auf drei Zustände reduziert und kann weiterhin vier Operationen unterstützen. Die Anzahl von Transitionen wurde ebenso gemindert, wobei die benachbarten Zustände immer eindeutig erreichbar sind.

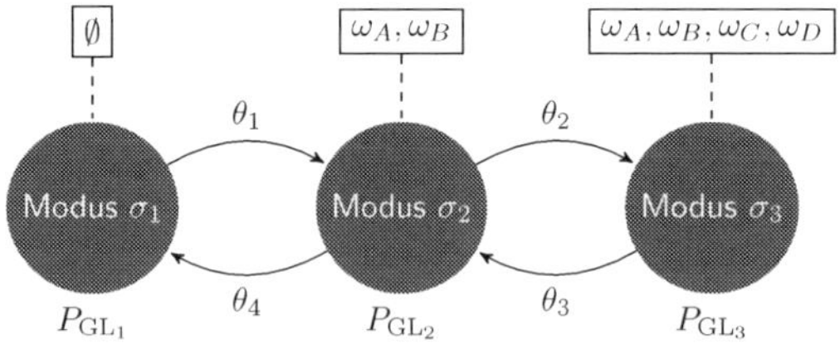

Abbildung 5.3: *Beispiel einer vereinfachten Zustandsmaschine für die Modellierung eines Versorgungssystems mit drei inkrementellen Zuständen ($P_{\mathrm{GL}_1} < P_{\mathrm{GL}_2} < P_{\mathrm{GL}_3}$) und vier unterstützten Operationen.*

Das Optimierungsproblem für dieses Modell kann mithilfe folgender Frage definiert werden:

> *Wie lang muss eine Pause von Operationen sein, damit der Wechsel auf einen möglichen sparsameren Zustand energetisch günstig wird?*

Das heißt, ab wann ist der Gesamtenergieverbrauch mit Berücksichtigung der Zustandswechsel (Hin- und Rückweg) niedriger als der, der von der Grundlast des aktuellen Zustands während der ganzen

Pausenzeit verursacht wird. Um diese Frage zu beantworten, wird anschließend die Reaktion auf eine mögliche Pause diskutiert.

Es sei Ω_{Aktiv} die Menge aller aktiven Operationen und Ω_{Pause} die Menge von Operationen, welche ab sofort eine Pause von ΔT_{Pause} einlegen, wobei σ_j der aktuelle Zustand ist und die Bedingung

$$\Omega_{\text{Aktiv}} \setminus \Omega_{\text{Pause}} \subseteq \Omega_{j-1}$$

erfüllt ist. Das heißt, die verbleibenden aktiven Operationen können auf dem Zustand Ω_{j-1} weiter versorgt werden. Dazu sind Transitionen zwischen den Zuständen σ_j und σ_{j-1} wie im Folgenden definiert:

$$\begin{aligned}\theta_\alpha &= (\sigma_j, \sigma_{j-1}, \Delta T_\alpha, \Delta E_\alpha)\\ \theta_\beta &= (\sigma_{j-1}, \sigma_j, \Delta T_\beta, \Delta E_\beta)\,.\end{aligned}$$

Als letzte Bedingung gilt für die Pause:

$$\Delta T_{\text{Pause}} > \Delta T_\alpha + \Delta T_\beta.$$

Um den Energieverbrauch während der Pause zu reduzieren, muss der Optimierer eine Entscheidung treffen: das Versorgungssystems entweder in den niedrigen Zustand σ_{j-1} versetzen und kurz vor Ende der Pause zurück auf σ_j bringen oder auf dem aktuellen Zustand σ_j bleiben lassen:

$$\Delta E_{\text{Pause}} = \min\left(\Delta E_{\sigma_j}\,,\ \Delta E_{\sigma_j \rightleftarrows \sigma_{j-1}}\right).$$

Der Zustandswechsel wird also nur realisiert, wenn

$$\begin{aligned}\Delta E_{\sigma_j} &> \Delta E_{\sigma_j \rightleftarrows \sigma_{j-1}}\\ \Delta T_{\text{Pause}} \cdot P_{\text{GL}_j} &> \Delta E_\alpha + \Delta E_\beta + [\Delta T_{\text{Pause}} - (\Delta T_\alpha + \Delta T_\beta)] \cdot P_{\text{GL}_{j-1}}\\ \Delta T_{\text{Pause}} \cdot \left(P_{\text{GL}_j} - P_{\text{GL}_{j-1}}\right) &> \Delta E_\alpha + \Delta E_\beta - (\Delta T_\alpha + \Delta T_\beta) \cdot P_{\text{GL}_{j-1}}\\ \Delta T_{\text{Pause}} &> \frac{\Delta E_\alpha + \Delta E_\beta - (\Delta T_\alpha + \Delta T_\beta) \cdot P_{\text{GL}_{j-1}}}{P_{\text{GL}_j} - P_{\text{GL}_{j-1}}}\end{aligned}$$

Aus dieser Ungleichung wird die sogenannte *Break-Even-Zeit* definiert:

$$\Delta T_{\text{Break-Even}} = \frac{\Delta E_\alpha + \Delta E_\beta - (\Delta T_\alpha + \Delta T_\beta) \cdot P_{\text{GL}_{j-1}}}{P_{\text{GL}_j} - P_{\text{GL}_{j-1}}} \tag{5.6}$$

Die Break-Even-Zeit ist der Schlüssel bei der Optimierung des Energieverbrauchs auf Basis der vereinfachten funktionalen Zustandsmaschine. Die Grundvoraussetzung dafür ist die Kenntnis des Nutzungsprofils, anders gesagt der Pausenzeiten. Wenn die Pause von Operationen länger als die berechnete Break-Even-Zeit dauern soll, kann mit dem Wechsel des Zustands Energie gespart werden.

Neben der Unterstützung einer einfachen Optimierung ist die Konformität mit Standardnetzwerkprofilen wie z. B. *sercos Energy* (s. Kapitel 2.4.5) ein weiterer Vorteil dieses Modells. Im nächsten Abschnitt wird beschrieben, wie die vereinfachte funktionale Zustandsmaschine auf Basis bestehender Netzwerkprofile implementiert werden kann.

5.1.3 Nutzung von industriellen Standardnetzwerkprofilen

Wie in Kapitel 2.4.5 beschrieben, ermöglichen Anwendungsprofile von industriellen Standardnetzwerken für das Energiemanagement in Fertigungsanlagen, wie *PROFIenergy* und *sercos Energy*, vernetzte Geräte (Stromverbraucher) in energiesparende Zustände zu versetzen.

Um zeitliche und energetische Anforderungen zu erfüllen, verfügen die Stromverbraucher im Netzwerk über einige Konfigurationsparameter, welche für die Modellierung einer funktionalen Zustandsmaschine nützlich sind. Sowohl beim Anwendungsprofil *sercos Energy* als auch *PROFIenergy* wird z. B. pro Gerät eine Zustandsmaschine vorgesehen. Die einzelnen Zustände (Energiemodi) stellen durchschnittliche Leistungsaufnahmen dar und die Transitionen weisen einen Zeitbedarf auf. Bei *sercos Energy* wird sogar der Energieverbrauch der Transition parametriert – was die Berechnung der Break-Even-Zeit ermöglicht und eine Erweiterung auf die funktionale Zustandsmaschine zusätzlich erleichtert.

Immerhin weisen solche Anwendungsprofile einen Mangel an Information über die Funktionalität der Zustände auf, denn eine Maschinenkomponente auf Stand-by-Modus erfüllt keine weitere Funktion außer auf einen Befehl zu warten. Die Zuordnung von Operationen zu den Energiemodi (Zuständen) muss also parallel gemacht werden und lässt sich in der Regel mit geringerem Aufwand realisieren. Das Anwendungsprofil *PROFIenergy* ist dennoch für den Einsatz von funktionalen Zustandsmaschinen weniger geeignet, da für die Berechnung der Break-Even-Zeit zusätzliche Messungen von energetischen Größen notwendig sein können.

5.2 Simulation des Energiemanagements eines Versorgungssystems

Hydraulikaggregate sind typische Versorgungssysteme bei Werkzeugmaschinen. In vielen Maschinen werden die Hydraulikpumpen direkt am Netz und mit konstanter Drehzahl betrieben, und sind für einen großen Teil der Grundlast von Werkzeugmaschinen verantwortlich. Außerdem wurde in einer Studie [AKR10a] beispielsweise gezeigt, dass die Hydraulik eines Bearbeitungszentrums nur in 30 Prozent der Bearbeitungszeit tatsächlich benötigt wird. Vor allem bei Bearbeitungszentren wird die Energieversorgung aller hydraulischen Antriebe durch ein zentrales Versorgungsnetz vorgenommen, wobei ein herkömmliches Versorgungskonzept dafür die sogenannte Speicherladeschaltung ist. Aus diesen Gründen wird in diesem Kapitel die Simulation des Energiemanagements eines Hydraulikaggregats mit Speicherladeschaltung beschrieben und analysiert. Die Ergebnisse der Simulation dienen als Basis für die Auswahl der besten Steuerungsstrategie mit Hilfe von funktionalen Zustandsmaschinen.

Speicherladeschaltungen bestehen aus einer Konstantpumpe, einem Speicher und mindestens einem Ventil (Rückschlagventil). Sie nutzen Leerlaufzeiten und Teillastbetrieb, um einen Hydraulikspeicher zu füllen. Die einzelnen Verbraucher entnehmen dann die benötige Leistung direkt aus dem Speicher. Damit eine gemeinsame Schnittstelle zwischen dem Versorger und den Verbrauchern gewährleistet wird, muss der Speicher immer einen bestimmten Druckbereich halten.

In Abbildung 5.4 wird das simulierte Hydraulikaggregat mit Speicherladeschaltung dargestellt. Das System besteht aus einem Speicher, einem Motor, der mit einem Soft-Starter[1] ausgerüstet ist und eine Konstantpumpe antreibt, sowie einem Bypass- und einem Druckbegrenzungsventil.

Aus Sicherheits- und Kostengründen wird der Speicher nicht immer groß genug dimensioniert[2], um

[1] Ein Soft-Starter ist ein elektronisches Gerät, das zusammen mit elektrischen AC-Motoren verwendet wird, um die Last und das Moment des Antriebsstrangs während des Anlaufs zu reduzieren. Seine Nutzung verringert die mechanische Beanspruchung der Motorwelle sowie die elektrodynamischen Beanspruchungen der verbundenen Stromkabel und des Stromnetzes. Somit wird die Lebensdauer des Systems verlängert [Sis63].

[2] Die Richtlinie 97/23/EG des Europäischen Parlaments und des Rates vom 29. Mai 1997 zur Angleichung der Rechtsvorschriften der Mitgliedstaaten über Druckgeräte, auch Druckgeräterichtlinie genannt, definiert die Anforderungen an Druckgeräte von Maschinen und Anlagen. Der Inspektionszyklus druckhaltender Ausrüstungsteile ist in Deutschland gemäß den technischen Regeln zur Druckbehälterverordnung (TRB) auszuführen. Druckbehälter werden je nach Druckvolumenprodukt klassifiziert. Je größer das Produkt, desto häufiger die wiederkehrende Prüfung.

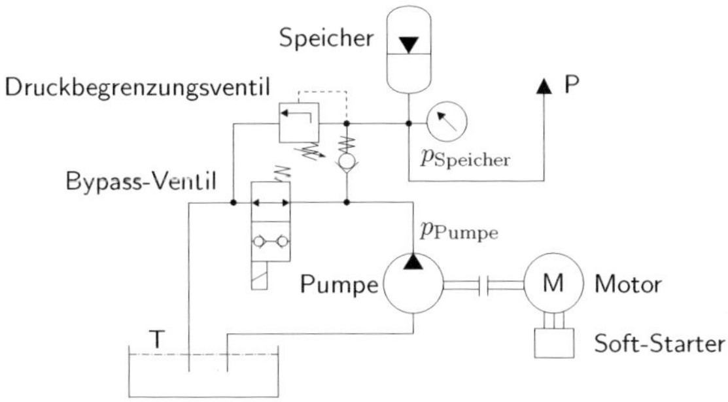

Abbildung 5.4: *Skizze des simulierten Hydraulikaggregats mit Speicherladeschaltung.*

alle Maschinenoperationen allein vom Speicher versorgen zu können. Das Bypass-Ventil sorgt also dafür, dass die Pumpe nach einer Ladung im Umwälzbetrieb weiter arbeitet und somit immer genug Leistung zur Verfügung stellen kann, falls die Ladung im Speicher für eine bestimmte Maschinenoperation nicht ausreichend ist. Die Pumpe muss schnell reagieren können und bleibt deswegen immer in Bereitschaft.

Aufgrund der niedrigen Schalthäufigkeit des Motors (Pumpe bleibt im Umwälzbetrieb) sind Soft-Starter bei Speicherladeschaltungen nicht immer vorhanden. Dennoch, um verschiedene Steuerungsstrategien zu testen, wäre ein Soft-Starter in einer realen Maschine von Vorteil. Die Anwendung von Soft-Startern kann Stromspitzen unterdrücken und die mechanische Belastung des Systems reduzieren. Somit wurde bereits in der Simulation der Einsatz eines Soft-Starters berücksichtigt.

Für die Simulation der Ladung bzw. Entladung des Speichers wurde folgendes lineares Ersatzmodell verwendet:

$$p_{\text{Speicher}}(n) = \begin{cases} p_0 & \text{für } n = 0 \\ p_{\text{Speicher}}(n-1) + \Delta V \cdot k_{pV} & \text{für } n > 0 \end{cases}$$

wobei $0 \leq p_{\text{Speicher}} \leq p_{\max}$, p_0 der Ausgangsdruck ist und ΔV dem Ladungs- bzw. Entladungsvolumen entspricht. Die Konstante k_{pV} wurde mit Hilfe realer Maschinendaten angepasst und beträgt 100 bar/l.

Das Bypass-Ventil beeinflusst in der Simulation lediglich den Druck an der Pumpe:

$$p_{\text{Pumpe}}(n) = \begin{cases} 0 & \text{für offen} \\ p_{\text{Speicher}}(n) & \text{für geschlossen} \end{cases}$$

Die Druckverluste am Ventil und in den Leitungen wurden vernachlässigt. Dennoch wird dem realen System entsprechend eine Leckage im Kreislauf nach dem Speicher simuliert, die einen Druckabfall von 0,3 bar/s im Speicher verursacht.

Der simulierte Soft-Starter erzeugt eine Rampe mit Totzeit für den Leistungsfaktor des Motors:

$$\alpha_U(n) = \begin{cases} 0 & \text{für } n \leq T_{\text{Tot}}/T_{\text{Takt}} \\ \alpha_U(n-1) + \frac{T_{\text{Takt}}}{T_{\text{Anlauf}}} & \text{für } n > T_{\text{Tot}}/T_{\text{Takt}} \end{cases}$$

wobei $0 \leq \alpha_U \leq 1$ mit $T_{\text{Tot}} = 5$ s. Die Anlaufzeit T_{Anlauf} wurde auf 7 s eingestellt. Die Takt der Simulation (T_{Takt}) wurde auf 20 ms gesetzt, damit die simulierte Steuerung in der Größenordnung von SPS-Zykluszeiten arbeitet.

Die in das System eingesetzte Energie besteht aus der Integration der Leistungsaufnahme des Motors, welche je nach Betriebszustand berechnet wird:

$$P(n) = \begin{cases} P_{\max} \cdot \alpha_U(n) & \text{für Anlauf} \\ P_{\text{GL}} + p_{\text{Pumpe}}(n) \cdot k_{Pp} & \text{für Normalbetrieb} \end{cases}$$

Die von der Grundlast verursachte Leistungsaufnahme P_{GL} wurde für die Simulation auf 520 W beschränkt, während die maximale Leistungsaufnahme $P_{\max}$ beim Anlauf 6430 W beträgt. Die Konstante k_{Pp} basiert ebenfalls auf Messungen des realen Systems und ist gleich 15 W/bar. Der Motor ist direkt an einer Pumpe angekoppelt, welche einen konstanten Volumenstrom von $Q = 9\,\mathrm{l/min}$ fördert.

Die simulierte Speicherladeschaltung arbeitet nach dem Zweipunktregelungsprinzip und hat folgende Regel für das Erhalten des Drucks im Speicher:

- Wenn $p_{\mathrm{Speicher}} \geq 250$ bar, dann Bypass-Ventil öffnen.
- Wenn $p_{\mathrm{Speicher}} \leq 225$ bar, dann Bypass-Ventil schließen.

Um die Simulation zu validieren und ihre Eignung für die Bewertung des Energieverbrauchs zu prüfen, wurde ein typisches Nutzungsprofil verwendet (siehe Abbildung 5.5). Das Nutzungsprofil ist die Bearbeitung eines Testwerkstücks, welche insgesamt 398 s dauert. Während der Bearbeitung finden sieben Werkzeugwechsel sowie das Klemmen und Lösen einer Achse statt. Alle diese Operationen werden von einer Speicherladeschaltung versorgt und wurden in Abbildung 5.5 als Operation ω_A zusammenfassend dargestellt. Sowohl das reale System als auch die Simulation wurden mit dem Nutzungsprofil belastet, während der Energieverbrauch mit und ohne Abschaltung des Motors bei Pausen erfasst wurde. Das Verhalten des simulierten Systems wurde somit als geeignet bewertet.

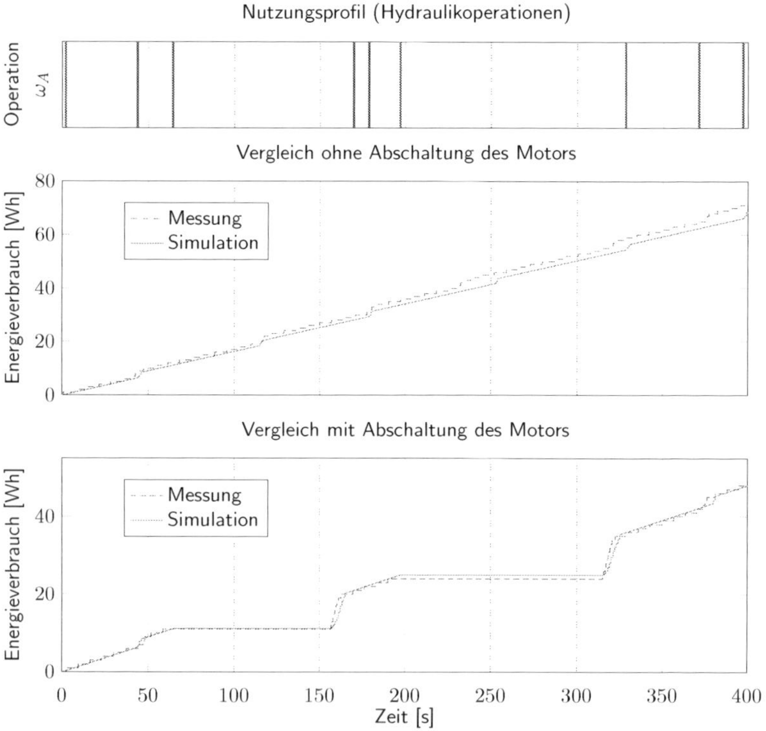

Abbildung 5.5: *Vergleich des Energieverbrauchs von Simulation und Messung.*

Abbildung 5.6 zeigt die Zustandsmaschine, welche die simulierte Speicherladeschaltung beschreibt. Das Zustandsübergangsdiagramm enthält drei Zustände, wobei nur die Zustände σ_1 und σ_2 für die funktionale Zustandsmaschine benutzt werden. Der dritte Zustand (Bypass-Ventil geschlossen) wird von der Steuerung (Versorger-Controller) nicht berücksichtigt, da die Transitionen $\widehat{\theta_3}$ und $\widehat{\theta_4}$ nur von der autarken Steuerung des Aggregats (Zweipunktregler) getriggert werden können.

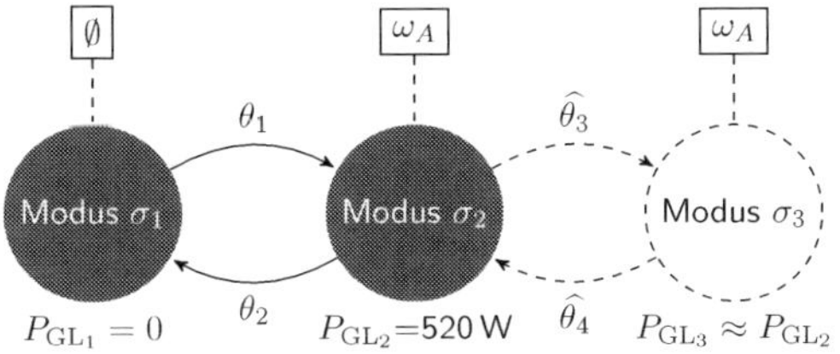

Abbildung 5.6: *Funktionale Zustandsmaschine für das simulierte Speicherladeschaltungssystems.*

Die Transitionen der Zustandsmaschine haben die folgende Bedeutung:

Transition θ_1: Der Motor wird gestartet.

Transition θ_2: Der Motor wird abgeschaltet.

Transition $\widehat{\theta_3}$: Das Bypass-Ventil wird geschlossen.

Transition $\widehat{\theta_4}$: Das Bypass-Ventil wird geöffnet.

Während die Transition θ_1 19 s dauert und 37800 J verbraucht (Anlauf des Motors), betragen die entsprechenden Eigenschaften der Transition θ_2 nur 1 s bzw. 0 J. Die Break-Even-Zeit (5.6) zwischen den Zuständen σ_1 und σ_2 beträgt somit 72,7 s.

Die Operation ω_A, welche sowohl vom Zustand σ_2 als auch σ_3 unterstützt wird, entspricht allen Hydraulikoperationen der Maschine und verbraucht im Durchschnitt 0,15 l/s. Obwohl der Hydraulikspeicher auch auf dem Zustand σ_1 (Motor aus) die Operationen teilweise versorgen würde, wäre die vorhandene Ladung nicht immer ausreichend. Aus diesem Grund wird dem Zustand σ_1 keine Operation zugeordnet.

5.2.1 Die reaktive Steuerung

Die reaktive Steuerung basiert auf Ereignissen und den entsprechenden vordefinierten Reaktionen, die je nach Zustand variieren können. Die Umsetzung solcher Steuerungen ist normalerweise mit geringem Aufwand verbunden. Dies hat dennoch den Nachteil, dass die Antwort (Reaktion auf Änderung) verzögert ist und die Pausen zwischen Operationen nicht bekannt sind. Daher wird die Verzögerung manchmal sogar absichtlich verlängert, um eine ungünstige Reaktion zu vermeiden.

In den nächsten Abschnitten werden zwei Arten von reaktiven Steuerungen bei Energiemanagementsystemen unterscheidet.

Ansteuerung nach vordefinierter Leerlaufzeit

Auch als Time-out-basierte Steuerung bekannt, finden Abschaltstrategien nach dem Prinzip der Leerlaufzeit vor allem im IT-Bereich Anwendung. Beispiele sind Energiemanagement von Bildschirmen, Netzwerkgeräten und Festplatten [Sim01].

Die wichtigste Ausprägung dieser Strategie ist es, dass nach dem Eintritt eines Ereignisses die Reaktion der Steuerung zeitverzögert stattfindet, wobei die Dauer der Verzögerung vordefiniert ist. Für die funktionale Zustandsmaschine werden Beginn und Ende von Operationen als Ereignisse betrachtet. Nach dem Ende einer Operation wird eine Stoppuhr gestartet. Findet der Beginn einer neuen Operation innerhalb einer vordefinierten Zeit (ΔT) nicht statt, wird die Reaktion auf Pause getriggert (Abbildung 5.7). Somit wird angenommen, dass nach einer gewissen Leerlaufzeit die Wahrscheinlichkeit, dass eine Operation bald beginnt, ausreichend niedrig ist.

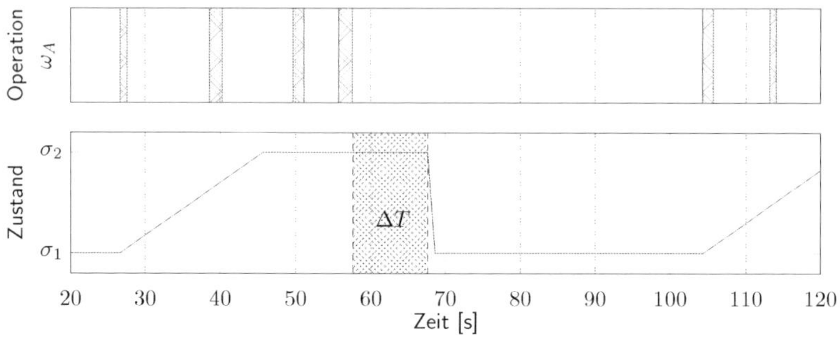

Abbildung 5.7: *Beispiel eines Ansteuerungsverlaufs nach dem Prinzip der Leerlaufzeit (Time-out). Die Operation ω_A wird nur vom Zustand σ_2 unterstüzt.*

Ansteuerung mit Pufferung

Das Energiemanagement von Versorgungssystemen kann auch auf dem indirekten Verbrauch basieren. Das heißt, dass die Reaktion der Steuerung nicht vom Ende bzw. Beginn einer Operation getriggert wird, sondern vom Füllstand eines Puffers. Abbildung 5.8 zeigt die Ansteuerung der Zustandsmaschine, welche lediglich auf dem Druck im Speicher basiert. Wenn der Druck an der unteren Druckgrenze liegt, wird die Maschine auf den Zustand σ_2 („Pumpe an") versetzt. Sobald das System die obere Druckgrenze und den Zustand σ_2 erreicht, wird die Transition θ_2 getriggert und die Maschine wechselt auf den Zustand σ_1 („Pumpe aus"). Der maximale Druck im Speicher (250 bar) wird mit Hilfe eines Druckbegrenzungsventils begrenzt (siehe Abbildung 5.4).

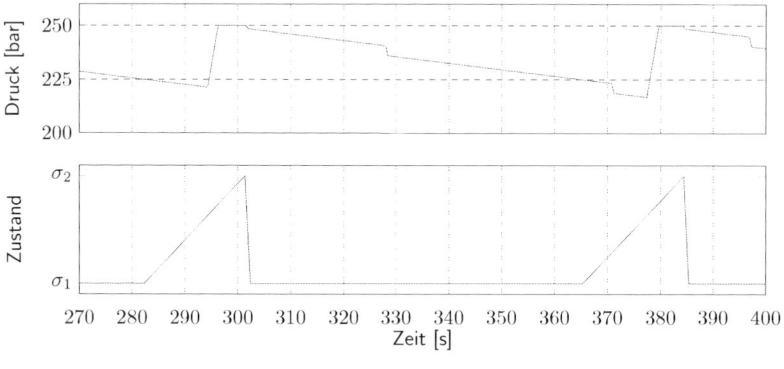

Abbildung 5.8: *Beispiel eines Ansteuerungsverlaufs nach dem Prinzip der Zweipunktregelung (mit Pufferung).*

Der Energiepuffer liegt, wie bei einer Speicherladeschaltung, zwischen Versorger und Verbraucher, stellt zusätzliche Leistung zur Verfügung und reduziert somit die Zeitverzögerung der Ansteuerung. Beispiele von Energiepuffern sind Kondensatoren, Akkumulatoren, Speicher und Schwungräder.

5.2.2 Die prädiktive Steuerung

Die prädiktive Steuerung basiert auf Modellen, die es ermöglichen, das Verhalten des gesteuerten Systems vorherzusagen und eine geeignete Aktion noch vor dem Eintritt eines Ereignisses auszulösen.

Prädiktive Abschaltstrategien werden vor allem für IT-Systemen entwickelt und erforscht [SCB96, CBDM99, LCv+00, Sim01, CBB+02, DR06, DR09, TLQ09]. Die Hauptmotivation zur Reduktion des

Energieverbrauchs bei IT-Systemen ist die Betriebsdauer, da mobile Systeme meistens von Akkumulatoren versorgt werden und somit über eine begrenzte Versorgung verfügen.

Ein weiterer Bereich, in dem prädiktive Steuerungsstrategien eine wichtige Rolle spielen, ist die Energieversorgung von Städten [TY07, BAAG11]. Die Vorhersage des Lastprofils von Verbrauchern (z. B. Energieverbrauch für einen Haushalt) kann die Kapazitätsplanung der Energieversorger unterstützen.

Bei Versorgungssystemen von Werkzeugmaschinen, sobald das Ende einer Pause von Operationen vorgesagt werden kann, kann die Pausenzeit mit der Break-Even-Zeit verglichen werden, um die beste passende Aktion auszuwählen. Wenn die Pause zu kurz ist, wird der funktionale Zustand der Maschine nicht gewechselt und ein zusätzlicher Energieeinsatz wird vermieden (Abbildung 5.9).

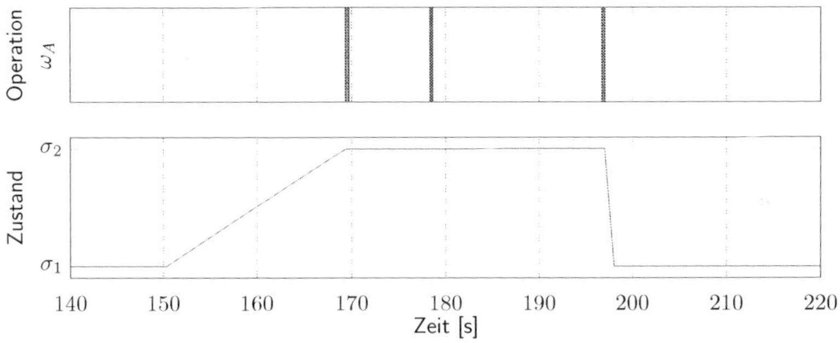

Abbildung 5.9: *Beispiel eines Ansteuerungsverlaufs nach dem Prinzip der Prädiktion.*

Die Steuerung muss aufgrund der Vorhersage keine vordefinierte Leerlaufzeit warten und kann sofort eine Aktion (Zustandswechsel) auslösen. Kurz vor dem Ende der vorhergesagten Pause kann die Steuerung das System zurück auf den erforderlichen Zustand versetzen.

Weitere Vorteile der prädiktiven Steuerung sind sowohl die Reduktion der Schalthäufigkeit, und somit von eventuellen mechanischen Belastungen, als auch die Minderung der Versorgung von Leckagen. Abbildung 5.10 zeigt verschiedene simulierte Größen im Lauf der Zeit. Während die Leistungsaufnahme des Motors (Wirkleistung) bei Pausen auf null bleibt[3], ist in der mittleren Kurve zu sehen, wie die Leckage einen schnellen Druckabfall im Speicher (Ladung) verursacht. Trotz des sehr niedrigen Druckniveaus innerhalb der Pausenzeit, wird der Speicher vor Beginn der nächsten Operation aufgeladen, so dass immer ausreichend Druck zur Verfügung steht.

5.2.3 Vergleich der Steuerungsstrategien

Um die Effizienz verschiedener Steuerungsstrategien zu vergleichen, wurden zwei Simulationsszenarien ausgewählt. Das erste Szenario ist die Bearbeitung eines Testwerkstücks, deren hydraulische Operation (ω_A) in Abbildung 5.5 dargestellt wurde. Das Nutzungsprofil ist die Bearbeitung eines Testwerkstücks, welche insgesamt um 398 s dauert. Während der Bearbeitung finden sieben Hydraulikoperationen statt, welche eine minimale Ladung im Speicher von 200 bar erfordern. Abbildung 5.11 beinhaltet die Ergebnisse der verschiedenen Steuerungsstrategien für das simulierte System bei dem ersten Szenario.

Die verschiedenen eingesetzten Steuerungsstrategien werden im Folgenden beschrieben:

ohne Abschalten: Es gibt keine Steuerungsstrategie für das Energiemanagement. Das Versorgungssystem bleibt immer auf dem Zustand σ_2 („Motor an") und funktioniert nach dem Zweipunktregelungsprinzip mit Hilfe des Bypass-Ventils.

[3]An der Wirkleistungskurve kann auch bemerkt werden, wie die Totzeit des simulierten Soft-Starters eine Zeitverzögerung in der Steigung der Leistungsaufnahme verursacht.

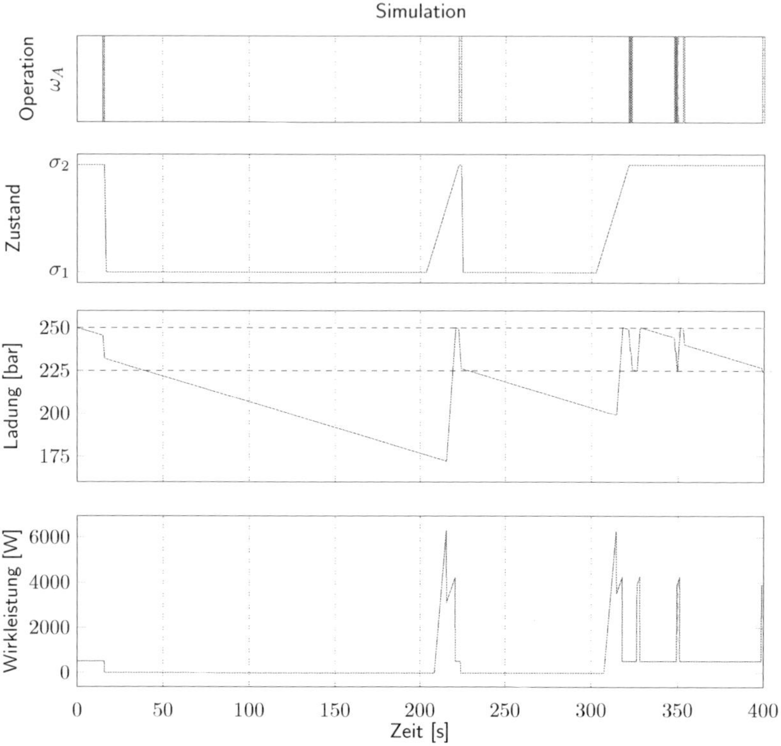

Abbildung 5.10: *Ansteuerung der Simulation einer Speicherladeschaltung mit prädiktiver Steuerung.*

Energiepuffer: Das System wird mit Hilfe des Speichers *reaktiv* gesteuert (siehe Abschnitt 5.2.1). Der Motor wird nach einer vollen Ladung immer abgeschaltet. Wenn der Druck die untere Grenze erreicht, wird der Motor zugeschaltet und der Speicher wieder vollgeladen.

Break-Even 0: Das Versorgungssystem wird *prädiktiv* unter Berücksichtigung der Break-Even-Zeit gesteuert. Die Pausenzeiten werden ohne Fehleinschätzung vorhergesagt.

Break-Even 5: Das Versorgungssystem wird *prädiktiv* unter Berücksichtigung der Break-Even-Zeit gesteuert. Die Pausenzeiten werden mit einer Fehleinschätzung von bis zu $\pm 5\%$ vorhergesagt.

Break-Even 10: Das Versorgungssystem wird *prädiktiv* unter Berücksichtigung der Break-Even-Zeit gesteuert. Die Pausenzeiten werden mit einer Fehleinschätzung von bis zu $\pm 10\%$ vorhergesagt.

Break-Even 20: Das Versorgungssystem wird *prädiktiv* unter Berücksichtigung der Break-Even-Zeit gesteuert. Die Pausenzeiten werden mit einer Fehleinschätzung von bis zu $\pm 20\%$ vorhergesagt.

Time-out 5s: Eine *reaktive* Ansteuerung des Systems auf Basis einer Leerlaufzeit von 5 s wird angewendet (siehe Abschnitt 5.2.1). Der Motor wird nur nach Beginn einer Operation wieder zugeschaltet.

Time-out 10s: Eine *reaktive* Ansteuerung des Systems auf Basis einer Leerlaufzeit von 10 s wird angewendet (siehe Abschnitt 5.2.1). Der Motor wird nur nach Beginn einer Operation wieder zugeschaltet.

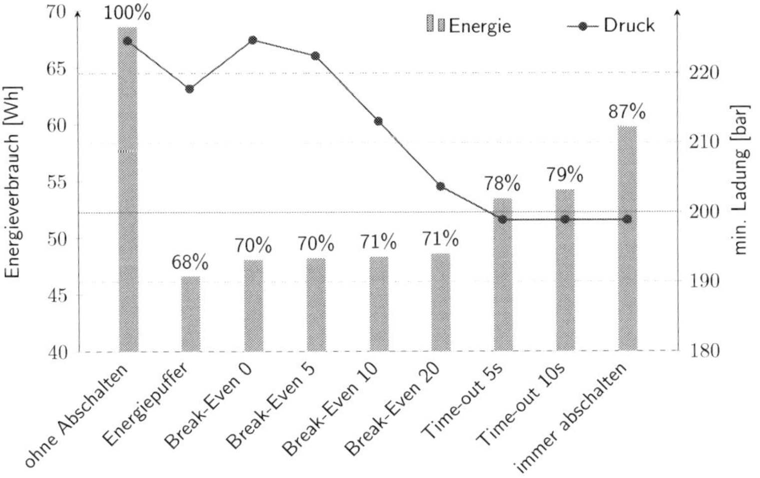

Abbildung 5.11: *Vergleich verschiedener Steuerungsstrategien für das Energiemanagement bei einem realen Testprogramm.*

immer abschalten: Das System wird unmittelbar nach dem Ende einer Operation auf den Zustand σ_1 versetzt (*reaktiv*). Der Beginn einer Operation triggert wiederum die Transition θ_1 und das System wechselt mit Zeitverzögerung auf den Zustand σ_2.

Die dargestellten Ergebnisse verdeutlichen die höhere Effizienz von zwei Strategien: die reaktive Steuerung mit Energiepuffer und die prädiktive Steuerung mit Break-Even. Während die Strategie mit Energiepuffer mehr Energie eingespart aber einen niedrigen minimalen Druck bei der Versorgung der Operationen aufgewiesen hat, zeigt die break-even-basierte Steuerung eine etwas geringere Energieeinsparung aber eine deutlich bessere Erhaltung des Drucks. Erst mit einer Fehleinschätzung von zehn Prozent zeigt sich die prädiktive Steuerung weniger effizient als die mit Energiepuffer.

Im zweiten Simulationsszenario wurde die Anpassungsfähigkeit der einzelnen Steuerungsstrategien getestet. Hierfür wurden insgesamt dreißig Nutzungsprofile von jeweils 400 s nach dem Zufallsprinzip erzeugt. Die resultierenden Nutzungsprofile variieren von häufigen Operationen mit kurzen Pausenzeiten (wenige Sekunden) bis zu lange inaktive Perioden (mehrere Minuten) und stellen somit unterschiedliche Belastungen des Hydraulikaggregats dar. Für die Generierung der Zeiten wurden zwei Wahrscheinlichkeitsverteilungen angewendet:

Pausendauer: Für die Pausendauer bzw. Zeit zwischen Operationen wurde eine logarithmische Normalverteilung mit einem Erwartungswert von 2 s und einer Standardabweichung von ebenso 2 s verwendet.

Operationsdauer: Für die Dauer der Operationen wurde eine Gleichverteilung mit einem Minimum von 0,5 s und einem Maximum von 2 s benutzt.

Die Ergebnisse des zweiten Simulationsszenarios sind in Abbildung 5.12 dargestellt und beziehen sich auf die Mittelwerte der dreißig simulierten Nutzungsprofile.

Es ist in der Graphik zu sehen, dass die reaktive Steuerung mit Energiepuffer eine deutlich niedrigere Effizienz im Vergleich zum ersten Szenario aufweist. Dieses Ergebnis kann mit Hilfe von zwei Aspekten interpretiert werden. Auf der einen Seite verursacht die intensive hydraulische Aktivität

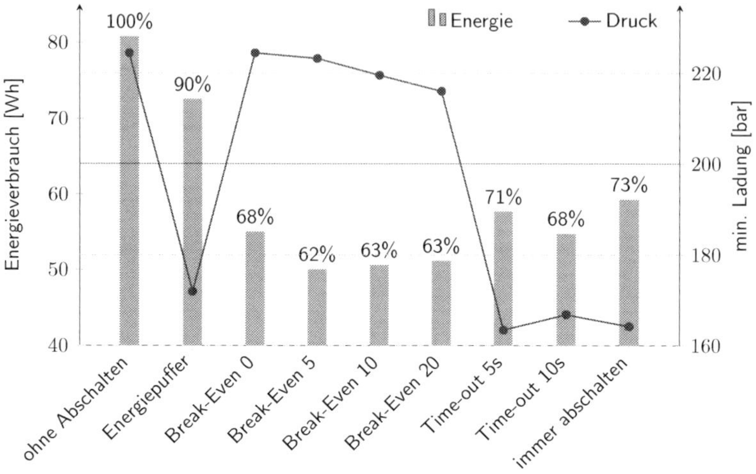

Abbildung 5.12: *Vergleich verschiedener Steuerungsstrategien bei simulierten Nutzungsprofilen.*

eine höhere Schalthäufigkeit des Motors und somit mehr Energieverbrauch (Break-Even-Zeit wird nicht erreicht). Auf der anderen Seite wird der Speicher trotz längerer Pausen mehrmals aufgrund von Leckage wieder geladen. Das heißt, dass die Steuerung zwischen funktionellem Verbrauch und Leckage nicht unterscheiden kann und sowohl das eine als auch das andere weiter versorgt. Darüber hinaus reagiert das System zu langsam, um den Druck zwischen den Grenzen zu erhalten. Eine Verbesserung der Ergebnisse mit Anwendung dieser Steuerungsstrategie wäre nur mit einer Anpassung der Druckschwellwerte bzw. der Hardware (Pumpe- bzw. Speichergröße) zu erreichen.

In Bezug auf die prädiktive Steuerung kann interpretiert werden, dass der geringe Energieverbrauch bei höhen Fehleinschätzungen (fünf bis zwanzig Prozent) aufgrund eines späteren Zuschaltens des Motors verursacht wird. Die höhere Energieeinsparung wird dennoch nur auf Kosten einer schlechteren Druckerhaltung erreicht. Demzufolge ist es für die Realisierung der prädiktiven Steuerung wichtig, dass das Nutzungsprofil der Maschinenkomponenten (Verlauf der Operationen und Pausen) mit entsprechender Qualität modelliert wird, so dass eine Vorhersage der Pausen bei zukünftigen Anwendungen ermöglicht wird. Der prädiktive Ansatz wird also weiterverfolgt und mit der Modellierung des Nutzungsprofils ergänzt.

5.3 Modellierung des Nutzungsprofils versorgter Maschinenkomponenten

Obwohl moderne NC-Steuerungen über die sogenannte Look-Ahead-Funktion[4] verfügen, ist es im NC-Kern nicht möglich, einen Bezug zu den zeitlichen Verläufen der Maschinenoperationen herzustellen. Aufgrund von Schaltbefehlen (z. B. M und T), die in der SPS ausgeführt werden, muss der NC-Kern eine unbekannte Zeit bis zur nächsten Synchronisation warten. Die Modellierung von Nutzungsprofilen versorgter Maschinenkomponenten ist somit eine Voraussetzung dafür, dass eine modellbasierte prädiktive Steuerung von Versorgungssystemen in die Praxis umgesetzt werden kann.

[4] „Die Look-Ahead-Funktion analysiert mehrere, i. d. R. zwischen ca. 10 und 100, Sätze im Voraus auf die sich ergebenden Geschwindigkeits- und Richtungsänderungen der Vorschubbahn. Mit Hilfe einer Modellierung des dynamischen Verhaltens der Maschine bzw. ihrer Vorschubachsen werden für eine vorgegebene zulässige Bahnabweichung die erlaubten Vorschubgeschwindigkeiten bzw. -beschleunigungen und der Ruck ermittelt. Auf diese Weise werden die modifizierten Sollgeschwindigkeitsprofile für die betrachteten Sätze berechnet." [Wec06b]

Das Nutzungsprofil einer Maschine kann während ihrer Betriebsphase stark variieren und der Verlauf der Maschinenoperationen wird von zahlreichen Faktoren beeinflusst (Abbildung 5.13).

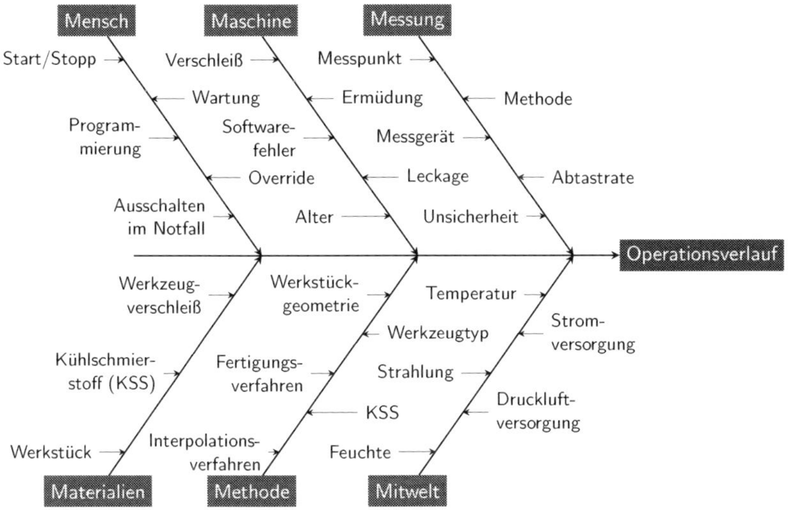

Abbildung 5.13: *Einflussgrößen für den Verlauf von Maschinenoperationen (6M Ursache-Wirkungs-Diagramm).*

Einflussfaktoren, die im Ursache-Wirkungs-Diagramm 5.13 unter der Gruppe „Methode" eingegliedert sind, werden vom Bearbeitungsvorgang begrenzt. Nachdem der Bearbeitungsvorgang festgelegt wird (z. B. mit Hilfe eines Teileprogramms), spielen diese Faktoren lediglich eine untergeordnete Rolle. Auf der anderen Seite, obwohl Materialien im Prinzip auch vom Bearbeitungsvorgang festgelegt werden, ist beispielsweise die Qualität des Werkstückmaterials nicht immer reproduzierbar und kann den Verlauf der Operationen leicht variieren.

Außerdem können verschiedene Faktoren der Maschine (wie Verschleiß, Ermüdung oder Leckagen) die Dauer der Maschinenoperationen verändern. Diese Operationen werden auch von der Umgebung (Mitwelt) unmittelbar beeinflusst. Zum Beispiel kann eine Druckluftversorgung mit niedrigem Druckniveau eine Verlangsamung der Bewegung von Zylindern verursachen.

Letztendlich spielt das menschliche Verhalten eine wesentliche Rolle bei dem Verlauf von Maschinenoperationen. Der Bediener kann Override-Werte für Vorschub und Spindeldrehzahl variieren, um die Bearbeitung an geänderte Randbedingungen anzupassen und somit die Geschwindigkeit der Achsen und die entsprechenden Operationen direkt beeinflussen.

Aufgrund der Variation des Verlaufs gleichartiger Operationen im Laufe der Zeit ist es notwendig, dass das Nutzungsprofil einer Werkzeugmaschine während ihrer ganzen Betriebsphase wiederkehrend und automatisch modelliert wird, damit eine Selbstoptimierung stattfinden kann. In den nächsten Abschnitten werden also die Arbeitsschritte zur automatischen Modellierung von Nutzungsprofilen beschrieben: von der Datenerfassung bis zur Bewertung des Verfahrens zur Modellbildung.

5.3.1 Datenerfassung und -vorbereitung

Um eine modellbasierte prädiktive Steuerung zu ermöglichen, müssen alle Operationen, die in der funktionalen Zustandsmaschine berücksichtigt werden, erfasst und beim Nutzungsprofil berücksichtigt werden. Wie in Kapitel 4.2 beschrieben, können Maschinenoperationen entweder gesteuert oder geregelt ausgeführt werden. Je nachdem, ob die Operation von der NC-Steuerung, der SPS oder dem Antrieb angesteuert wird, müssen verschiedene Daten erfasst werden, um ihren Verlauf abzubilden.

Wenn die Datenerfassung im NC-Kern integriert ist (siehe Kapitel 4.4), lassen sich Daten aus verschiedenen Quellen zusammen aufzeichnen. Eine Operation kann somit in unterschiedlicher Art und Weise abgebildet werden. Ein Werkzeugwechsel kann z. B. sowohl durch die Hilfsfunktionen vom NC-Programm als auch durch entsprechende Symbole in der SPS oder die Position bzw. den Fahrbefehl im Antrieb beschrieben werden. Die Wahl der aufzuzeichnenden Signale hängt von der Komplexität und der Repräsentativität der Daten ab.

Während zeitgesteuerte Operationen mit Hilfe eines einzigen booleschen Signals vollständig beschrieben werden können, brauchen manche ereignisgesteuerte Operationen dafür zwei Signalen, wie z. B. das Ausgangssignal „Tür öffnen" (Beginn der Operation) und das Eingangssignal „Tür geöffnet" (Ende der Operation). Komplexere Operationen können noch nach der Aufzeichnung aus der Verarbeitung von Signalen abgeleitet werden (siehe Kapitel 4.4.3).

Nachdem die aufzuzeichnenden Operationssignale definiert sind, muss die Aufzeichnung immer zum richtigen Zeitpunkt getriggert werden, so dass die Wiederholbarkeit der Verläufe eingehalten wird. Aus diesem Grund werden zwei Sonderbefehle für den Beginn und das Ende der Aufzeichnung in das NC-Programm eingetragen. Sobald das bearbeitete Teileprogramm ausgeführt wird, werden die vordefinierten Signale automatisch aufgezeichnet und die Operationen nach Ende der Aufzeichnung für die weitere Analyse des Nutzungsprofils vorbereitet.

5.3.2 Statistische Analyse des Nutzungsprofils

Beim Einsatz einer Grey-Box-Modellierung wird zuerst die Grundbeschreibung der Systemdynamik durch ein wissensbasiertes Modell gesichert (siehe Kapitel 2.5.3). Die Analyse der Faktoren, welche die zu modellierenden Größen beeinflussen, liefert die ersten Aspekte der Grundbeschreibung. Zahlreiche Einflussfaktoren, die in Abbildung 5.13 zu sehen sind, wie z. B. Fertigungsverfahren, Werkstückgeometrie, Werkzeug und Programmierung, sind vom jeweiligen Bearbeitungsvorgang abhängig. Eine Gruppierung der Aufzeichnungen pro NC-Programm kann also diese Einflussfaktoren je nach Bearbeitung trennen und ihre Wirkung auf die Variation des Nutzungsprofils begrenzen. Somit wurden zwei Kriterien für die Gruppierung von Aufzeichnungen aufgestellt, die eine eventuelle Änderung des NC-Programms (z. B. durch den Maschinenbediener) ausschließen:

- das Erstellungsdatum des NC-Programms muss gleich sein und
- alle untergeordneten Programme müssen gleich sein (gleicher Bearbeitungsvorgang).

Nachdem die Aufzeichnungen der jeweiligen NC-Programme gruppiert sind, werden sie weiterverarbeitet. Für jede Gruppe wird ein Grey-Box-Modell des Nutzungsprofils gebildet.

Eine Gruppe von $\mathrm{k_{max}}$ Aufzeichnungen wird definiert als

$$\Phi = \{\Omega_k \mid k = 1, 2, \ldots, \mathrm{k_{max}}\},$$

wobei Ω die Menge von eingetretenen Operationen bei einer Aufzeichnung ist. Eine Operation kann im Laufe eines NC-Programms mehrmals eintreten und ihre einzelnen Eintritte lassen sich mit Hilfe eines Tupels beschreiben:

$$\omega_i = \left\{ \left(t_{B_j}, t_{E_j}\right) \mid j = 1, 2, \ldots, \mathrm{j_{max}} \right\} \; \forall \, \omega_i \in \Omega,$$

wobei $\mathrm{j_{max}}$ der Anzahl von Eintritten entspricht und t_{B_j} der Zeitpunkt am Beginn und t_{E_j} der Zeitpunkt am Ende des Eintritts j sind.

In Abbildung 5.14 wird die Skizze eines Nutzungsprofils mit vier Operationen dargestellt. Während die Operationen ω_A und ω_B jeweils zweimal eintreten, weisen ω_C und ω_D jeweils nur einen Eintritt auf. In der Abbildung sind auch die stochastischen Variationen der Verläufe zu sehen. Abgebildet werden die Minima und Maxima, sowie die Mittelwerte der Zeitpunkte zum Beginn und Ende jedes

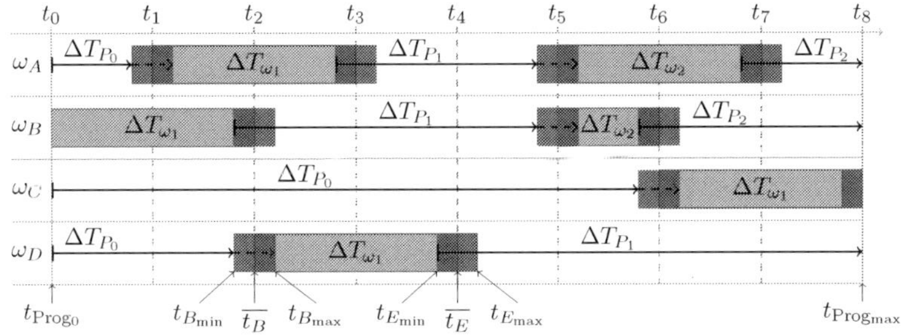

Abbildung 5.14: *Skizze eines Nutzungsprofils mit vier verschiedenen Operationen.*

Eintritts. $t_{\text{Prog}_{\max}}$ bezeichnet das späteste Ende der Bearbeitung und somit auch das späteste Ende aller gruppierten Aufzeichnungen.

Um den Verlauf einer Operation im Laufe des Teileprogramms zu beschreiben, müssen sowohl die Dauer der einzelnen Eintritte als auch die Zeit zwischen Eintritten (d. h. Pausenzeit) der Operationen definiert werden. Die Dauer des Eintritts einer Operation bei einer Aufzeichnung wird mit

$$\Delta T_{\omega_j} = t_{E_j} - t_{B_j}$$

berechnet, wobei t_{E_j} der Zeitpunkt am Ende und t_{B_j} der Zeitpunkt am Beginn des Eintritts j sind. Entsprechend wird die Zeit zwischen Eintritten (Pausenzeit) berechnet:

$$\Delta T_{P_i} = \begin{cases} t_{B_{i+1}} - t_{\text{Prog}_0} & \text{für } i = 0 \\ t_{B_{i+1}} - t_{E_i} & \text{für } 0 < i < \text{j}_{\max} \\ t_{\text{Prog}} - t_{E_i} & \text{für } i = \text{j}_{\max}. \end{cases}$$

Bei der Berechnung der Pausenzeit wird zwischen Pausen am Anfang, in der Mitte oder am Ende einer Bearbeitung unterschieden. Den Pausen, die bereits am Anfang der Bearbeitung stattfinden, wird der Index Null ($i = 0$) zugeordnet. Ansonsten wird der Index durchnummeriert ($i = 0, 1, 2, \ldots, \text{j}_{\max}$).

Betracht man nun zusätzlich die Streuung der Zeitpunkte einer Stichprobe (Gruppe aus Aufzeichnungen von gleichen Teileprogrammen), müssen Kompromisse eingegangen werden. In Tabelle 5.1 wird der Einfluss der Variation von Pausen- und Operationsdauern auf den Energieverbrauch und die Verfügbarkeit des zu optimierenden Versorgungssystems dargestellt. Grundsätzlich wird Energie gespart, in dem die Pausen so lang wie möglich vorhergesagt werden ($\uparrow \Delta T_{P_i}$). Dazu müssen die Pausen so früh wie möglich gemeldet werden, das heißt: die Dauer der Operationen auf ein Minimum bringen ($\downarrow \Delta T_{\omega_j}$).

Tabelle 5.1: *Einfluss der Variation von Pausen- und Operationsdauern auf den Energieverbrauch und die Verfügbarkeit des zu optimierenden Versorgungssystems.*

		Energieverbrauch	Verfügbarkeit
$\uparrow \Delta T_{P_i}$	$= \uparrow t_{B_{i+1}} - \downarrow t_{E_i}$	$\downarrow$	$\downarrow$
$\uparrow \Delta T_{\omega_j}$	$= \uparrow t_{E_j} - \downarrow t_{B_j}$	$\uparrow$	$\uparrow$
$\downarrow \Delta T_{P_i}$	$= \downarrow t_{B_{i+1}} - \uparrow t_{E_i}$	$\uparrow$	$\uparrow$
$\downarrow \Delta T_{\omega_j}$	$= \downarrow t_{E_j} - \uparrow t_{B_j}$	$\downarrow$	$\downarrow$

Darüber hinaus wird bei der statistischen Analyse davon ausgegangen, dass die zeitlichen Variationen der Operationen eine Normalverteilung aufweisen. Jeder Eintritt einer Operation wird also mit Hilfe von Schätzwerten für den Mittelwert und die Standardabweichung beschrieben:

$$\overline{t_{Bj}} = \frac{1}{\mathrm{k_{max}}} \sum_{k=1}^{\mathrm{k_{max}}} t_{B_{j,k}} \qquad \hat{\sigma}_{t_{B_j}} = \sqrt{\frac{1}{\mathrm{k_{max}} - 1} \sum_{k=1}^{\mathrm{k_{max}}} \left(t_{B_{j,k}} - \overline{t_{Bj}}\right)^2}$$

$$\overline{t_{Ej}} = \frac{1}{\mathrm{k_{max}}} \sum_{k=1}^{\mathrm{k_{max}}} t_{E_{j,k}} \qquad \hat{\sigma}_{t_{E_j}} = \sqrt{\frac{1}{\mathrm{k_{max}} - 1} \sum_{k=1}^{\mathrm{k_{max}}} \left(t_{E_{j,k}} - \overline{t_{Ej}}\right)^2}.$$

Damit eventuelle Ausreißer die weiteren statistischen Berechnungen nicht verfälschen, wurden zwei Filter implementiert. Der erste Filter sorgt dafür, dass alle Aufzeichnungen die gleiche Anzahl von Operationseintritten aufweisen (Algorithmus 5.1). Der zweite Filter wurde dafür konzipiert, dass die Variationen der Dauer von Pausen und Operationen die vordefinierten Grenzen nicht überschreiten (Algorithmus 5.2).

Algorithmus 5.1: Filter für die Anzahl von Operationseintritten

Input : Gruppe von Aufzeichnungen
Output : Gruppe von Aufzeichnungen ohne Ausreißer
Suche der Modalwerte für die Anzahl von Operationseintritten bei einer Aufzeichnung (n_D);
if *Multimodal* **then**
    Den höchsten Modalwert nehmen;
foreach *Aufzeichnung* i **do**
    if *Anzahl von Eintritten bei* $i = n_D$ **then**
        Aufzeichnung i behalten;
    else
        Aufzeichnung i ausschließen;

Algorithmus 5.2: Median-Filter für zeitliche Ausreißer

Input : Gruppe von Aufzeichnungen und Parameter α
Output : Operationsdaten ohne Ausreißer
foreach *Operation* **do**
    Berechnung der Standardabweichungen aller Eintritte ($\hat{\sigma}$);
    Berechnung der Zentralwerte aller Eintritte ($\tilde{t}$);
    foreach *Eintritt* j **do**
        if $\tilde{t} - \alpha \cdot \hat{\sigma} < t_j < \tilde{t} + \alpha \cdot \hat{\sigma}$ **then**
            Eintritt j behalten;
        else
            Eintritt j ausschließen;

Die Grenzen des Filters können mit dem Faktor α angepasst werden. Geht man davon aus, dass die Häufigkeitsverteilung der analysierten Größen symmetrisch ist, nähert sich der Median dem Mittelwert an. Demzufolge sollen bei $\alpha = 3$ im Intervall der entsprechenden Abweichung $99,73\%$ aller Messwerte nach dem Filter behalten werden.

Um den Energieverbrauch der Maschine reduzieren zu können, ohne die Verfügbarkeit zu beeinträchtigen, werden zunächst die Mindestwerte der Zeitpunkte sowohl für den Beginn als auch für das Ende der Operationen gesucht und für die Berechnung von T_{P_i} (Pausendauer) verwendet:

$$\Delta T_{P_i} = \begin{cases} \left[\min\left(t_{B_{i+1,k}}\right) + \epsilon\right] - \min\left(t_{\mathrm{Prog}_0}\right) & \text{für } i = 0 \\ \left[\min\left(t_{B_{i+1,k}}\right) + \epsilon\right] - \min\left(t_{E_{i,k}}\right) & \text{für } 0 < i < \mathrm{j_{max}} \\ \left[\min\left(t_{\mathrm{Prog}_k}\right) + \epsilon\right] - \min\left(t_{E_{i,k}}\right) & \text{für } i = \mathrm{j_{max}}, \end{cases} \tag{5.7}$$

wobei $k = 1, 2, \ldots, \mathrm{k_{max}}$ dem Index der Aufzeichnung entspricht.

Anschließend wird zur Erhöhung der Energieeffizienz eine Zeitverschiebung ϵ proportional zur Streuung des Zeitpunkts zum Beginn der nächsten Operation summiert:

$$\epsilon = \hat{\sigma}_{t_{B_{i+1}}} \cdot \mathrm{k_P}. \tag{5.8}$$

Der Faktor $\mathrm{k_P}$ bestimmt den Kompromiss zwischen Energieeinsparung und Zeitverzögerung und kann nach den momentanen Anforderungen angepasst werden ($\mathrm{k_P} \geq 0$). Während große Werte ($\mathrm{k_P} > 1$) die vorgesehenen Pausen verlängern und somit mehr Energieeinsparung auf Kosten der Verfügbarkeit erzielen, ermöglichen kleine Werte ($0 \leq \mathrm{k_P} \leq 1$), dass die Wahrscheinlichkeit von Zeitverzögerungen in der Bearbeitung reduziert wird. Der Faktor $\mathrm{k_P}$ legt also fest, ob das Verhalten des Optimierungssystems progressiv oder konservativ sein soll und wird deswegen in dieser Arbeit *Progressivitätsgrad* genannt.

Unter dem Gesichtspunkt der Pausen sind Operationen Zeitintervalle zwischen Pausen, das heißt: die Zeit bis die nächste Pause beginnt. Die Operationszeiten werden also als das Komplement der Pausen berechnet:

$$\Delta T_{\omega_j} = \min(t_{E_j}) - \left[\min(t_{B_j}) + \hat{\sigma}_{t_{B_j}} \cdot \mathrm{k_P}\right]. \tag{5.9}$$

5.3.3 Bereitstellung des Nutzungsprofils

Nachdem die Modellbildung eines Nutzungsprofils abgeschlossen ist, muss das resultierende Modell für die prädiktive Ansteuerung der Versorgungssysteme bereitgestellt werden. Dadurch, dass die Wechsel von funktionalen Zuständen bei der prädiktiven Steuerung auf der Pausenzeit der Operationen und der Break-Even-Zeit der Transitionen basiert, wird das Nutzungsprofil von Teileprogrammen in Form von Pausen beschrieben. Dafür werden drei Informationen pro Pause gebraucht:

- die Identifikationsnummer der Operation,
- die Zeit bis die nächste Pause der Operation beginnt (Zeitintervall zwischen Eintritte) und
- die geschätzte Dauer der nächsten Pause.

Ein weiterer wichtiger Aspekt für die Bereitstellung des Nutzungsprofils ist die Annahme, dass alle Operationen unabhängig voneinander sind. Die Zeitintervalle zwischen Pausen (Dauer der Operationen) werden somit immer in Bezug auf das Ende der letzten Pause der gleichen Operation berechnet.

5.3.4 Bewertung des Verfahrens zur Modellbildung

Für die Bewertung des Verfahrens zur Modellbildung von Nutzungsprofilen wurde eine einfache Simulation implementiert, welche die zeitliche Variation der Operationen auf Basis von Wahrscheinlichkeitsverteilungen erzeugt. Anders als die in Kapitel 5.2 beschriebene Simulation einer Speicherladeschaltung, ist der Zweck dieser Simulation lediglich die zeitliche Variation von Pausen und Operationen, um die Konvergenz und die Parametrierung der Modellierung zu überprüfen. Das Versorgungssystem wird nur mit Hilfe einer funktionalen Zustandsmaschine für das Energiemanagement beschrieben (Abbildung 5.15).

Zwei Operationen wurden simuliert (ω_A und ω_B). Während die Operation ω_A sowohl vom Zustand σ_2 als auch σ_3 unterstützt wird, kann das Versorgungssystem die Operation ω_B nur auf dem Zustand σ_3 versorgen. Außerdem wurden niedrige Energieverbräuche für die Transitionen festgelegt, sodass

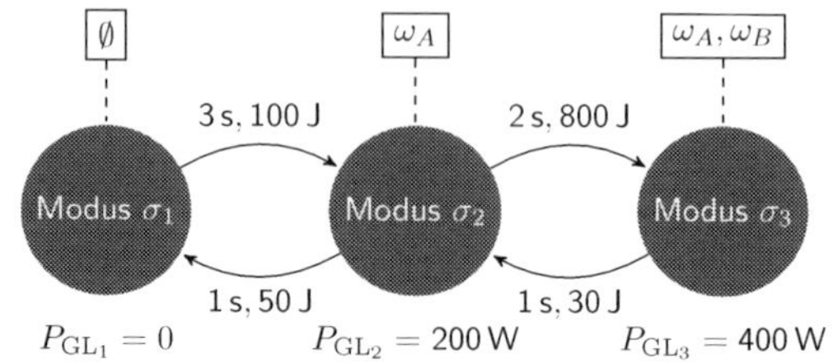

Abbildung 5.15: *Funktionale Zustandsmaschine des simulierten Versorgungssystems.*

die Break-Even-Zeit kurz genug war, um mehrere Zustandswechsel zu ermöglichen und somit die Güte des Modells für das Nutzungsprofil transparent zu machen.

Abbildung 5.16 beinhaltet den Verlauf einer Aufzeichnung während der Ansteuerung des Versorgungssystems. Bei der simulierten Bearbeitung (Nutzungsprofil) variieren sowohl die Pausenzeiten (um bis zu 0,5 s) als auch die Dauer der Operationen (2,5 s $\leq \Delta T_{\omega_B} \leq$ 3,5 s), wobei ΔT_{ω_A} von der Pausenzeit abhängig ist.

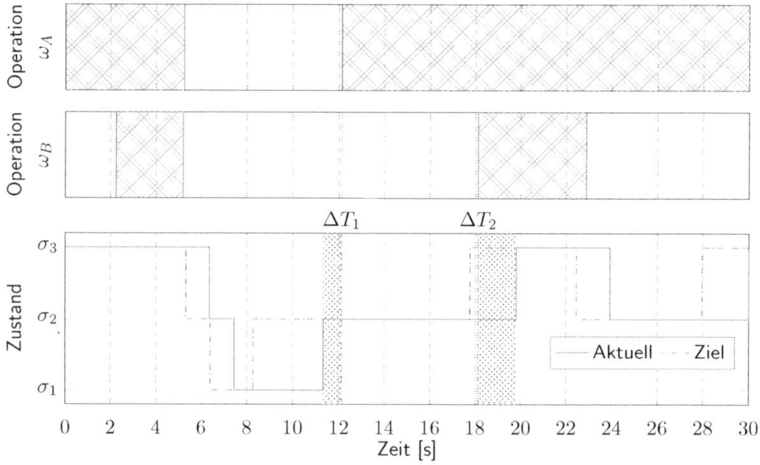

Abbildung 5.16: *Verlauf einer Aufzeichnung während der modellbasierten Ansteuerung der Simulation. Legende: ΔT_1: zu früh (Energieverlust), ΔT_2: zu spät (Zeitverlust)*

Ist das Modell des Nutzungsprofils noch von niedriger Qualität, sind Abweichungen bei den Zustandswechseln zu erwarten. In Abbildung 5.16 sieht man aufgrund einer schlechten Modellierung einen zu frühen (ΔT_1) und einen zu späten (ΔT_2) Zustandswechsel.

Da die Anzahl von Eintritten versorgter Operationen konstant war, wurde die Gleichung 4.1 angepasst. Anstelle der Anzahl von Operationen wurde die Gesamtzeit der Bearbeitung (ΔT_{Prog}) angenommen und die gesamte Zeitverzögerung ($\Delta T_{\text{Verlust}}$, wie z. B. ΔT_2 in Abb. 5.16) davon abgezogen. Somit lässt sich ein Kennwert berechnen, welcher den Nutzen des Versorgers quantifizieren kann:

$$E_{\text{eff}} = \frac{\Delta T_{\text{Prog}} - \Delta T_{\text{Verlust}}}{\Delta E}$$

Die Ergebnisse der Simulation sind in Abbildung 5.17 dargestellt. Die Energieeffizienz steigt grundsätzlich mit der Anzahl von Aufzeichnungen. Höhere Progressivitätsgrade (k_P) sorgen dafür, dass die

Energieeffizienz schneller steigt und konvergiert. Die Nebenwirkung des Progressivitätsgrads kann man in der unteren Graphik betrachten. Während kleinere k_P die Verfügbarkeitssverluste ($\Delta T_{\text{Verlust}}$) auf einem niedrigen Niveau halten, können höhere Progressivitätsgrade die Zeitverzögerungen erheblich verlängern.

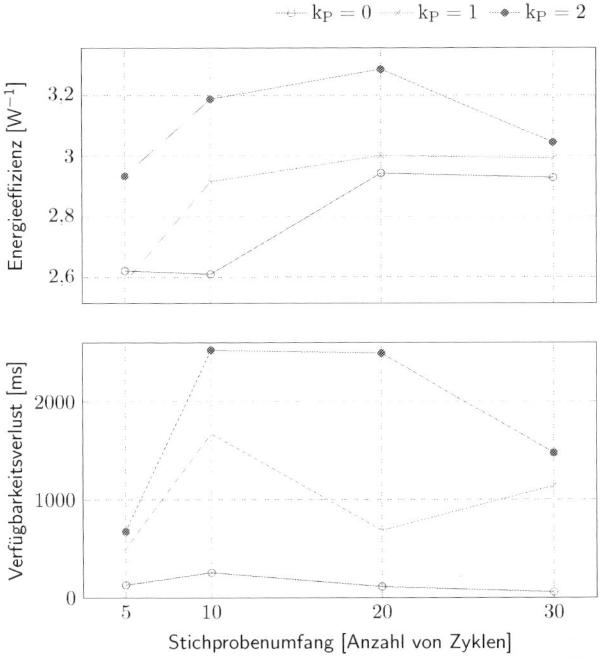

Abbildung 5.17: *Durchschnittliche Energieeffizienz und Verfügbarkeitsverlust in Bezug auf den Stichprobenumfang und den Progressivitätsgrad.*

Zusammenfassend kann gesagt werden, dass das Verfahren zur Modellierung von Nutzungsprofilen angemessene Ergebnisse erzielt. Die Erfahrung des selbstoptimierenden Systems durch die Wiederholung des Nutzungsprofils und die somit verursachte Erweiterung des Stichprobenumfangs können die Energieeffizienz im Lauf der Zeit erhöhen und die Verfügbarkeitsverluste in Grenzen halten.

5.4 Einsatz des Optimierungssystems

Das Optimierungssystem wird auf verschiedenen Ebenen der Maschinensteuerung eingesetzt. Während Maschinensignale im NC-Kern aufgezeichnet und in den Industrie-PC (IPC) hochgeladen werden, führen PC-Anwendungen statistische Analysen durch, um Modelle von Nutzungsprofilen zu erzeugen. Im Folgenden wird zunächst die Struktur und Aufbau des Optimierungssystems beschrieben. Anschließend werden die Schritte des Selbstoptimierungskreislaufes bei der Selbstoptimierung der Energieversorgung von Maschinenkomponenten abgebildet.

5.4.1 Struktur und Aufbau des Optimierungssystems

In Abbildung 5.18 werden verschiedene Prozeduren in Form eines Kreislaufes dargestellt, welche die Selbstoptimierung der Energieversorgung von Maschinenkomponenten zusammenfassen.

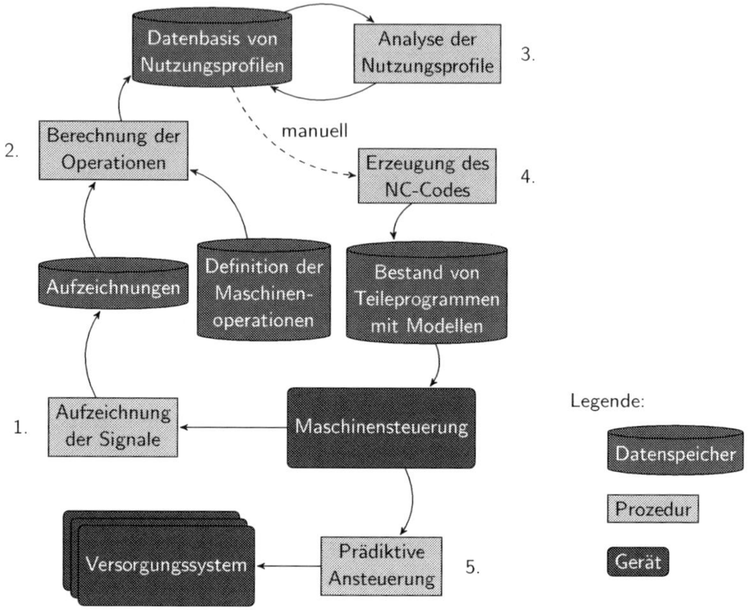

Abbildung 5.18: *Selbstoptimierungskreislauf für die Energieversorgung von Maschinenkomponenten.*

Im Diagramm sind drei Klassen von Elementen zu unterscheiden: Prozeduren, Geräte und Datenspeicher. Während die Prozeduren Software-Komponenten entsprechen, die in der NC-Steuerung, in der SPS oder im IPC ausgeführt werden, sind die Geräte der eigentliche Gegenstand der Optimierung. Damit die Prozeduren und Geräte Daten zu unterschiedlichen Zeitpunkten austauschen können, werden mehrere Datenspeicher zur Verfügung gestellt.

Die Datenspeicher können auf verschiedenste Art und Weise umgesetzt werden. Denkbar sind z. B. relationale Datenbanken oder strukturierte Dateien. Dennoch wurde wegen der einfachen Schnittstelle und der schnellen Implementierung für den Prototyp des Selbstoptimierungssystems eine hierarchische Ordnerstruktur mit einzelnen Dateien verwendet (siehe Anhang B.3).

Im Folgenden werden die einzelnen in Abbildung 5.18 dargestellten Prozeduren des Selbstoptimierungskreislaufes beschrieben:

1. **Aufzeichnung der Signale:** Die Konfiguration für die Aufzeichnung der ausgewählten Signale (siehe Kapitel 5.3.1) wird auf dem IPC in Form einer XML-Datei gespeichert und kann somit je nach Bedarf auch von externen Applikationen angepasst werden (Integrationsfähigkeit). Inhalt der Konfiguration sind sowohl Parameter für die Kommunikation zwischen IPC und NC-Steuerung als auch aufzuzeichnende Signale und die gewünschte Abtastrate. Darüber hinaus wird in der Konfigurationsdatei definiert, wie die Aufzeichnung gestartet und gestoppt wird (Triggerung). Diese Parameter sind maschinenspezifisch und sollen vom Maschinenhersteller und -betreiber veränderbar sein.

   Beim Selbstoptimierungskreislauf ist es wichtig, dass die Triggerung entsprechend am Beginn und am Ende einer Bearbeitung stattfindet. Deswegen wird die Aufzeichnung mit Hilfe eines NC-Kanals getriggert. Der Aufzeichnungsmechanismus im NC-Kern (siehe Kapitel 4.4) wartet auf einen vordefinierten String im NC-Programm und löst beim Eintritt des Strings die

Aufzeichnung sofort aus. Ein zweiter String sorgt dafür, dass die Aufzeichnung am Ende der Bearbeitung gestoppt wird.

Um sowohl die Konfiguration der Aufzeichnung in die NC-Steuerung herunterzuladen als auch die aufgezeichneten Daten aus der NC-Steuerung in den IPC hochzuladen, wird ein PC-seitiges Programm gebraucht. Dieses Programm kann z. B. als Windows-Systemdienst vollautomatisiert ausgeführt werden und steht für eine eventuelle Aufzeichnung immer bereit.

2. **Berechnung der Operationen:** Nachdem die aufgezeichneten Daten in den IPC hochgeladen werden, werden die Signale unmittelbar verarbeitet. Dafür greift das PC-seitige Programm auf die vorhandene maschinenspezifische Definition der Maschinenoperationen zu, welche vom Maschinenhersteller festgelegt wurde und in Form von XML-Dateien gespeichert sind, und führt die vordefinierten Berechnungsvorschriften durch.

   Die Ausgabe der Berechnung der Operationen beinhaltet eine Liste von Operationseintritten, die jeweils eine Identifikationsnummer, die Beginn- und die Endzeit (beide in Millisekunden) enthalten. Die Ergebnisse werden in einer XML-Datei für die spätere Modellbildung des Nutzungsprofils gespeichert (siehe Auflistung B.1 in Anhang).

3. **Analyse der Nutzungsprofile:** Die Analyse der Nutzungsprofile entspricht der in Kapitel 5.3 beschriebenen Modellbildung. Die Analyseprozedur greift auf die Datenbasis von Nutzungsprofilen zu, gruppiert die Listen von Operationen, die zum gleichen Bearbeitungsvorgang gehören, und speichert die Ergebnisse in derselben Datenbasis.

   Ähnlich wie bei der Berechnung von Operationen, sorgt ein IPC-seitiges Programm dafür, dass die Daten automatisch gelesen, weiterverarbeitet und geschrieben werden. Diese Prozedur kann unmittelbar nach einer Aufzeichnung oder in vordefinierten Perioden ausgelöst werden. Die Voraussetzung für die Durchführung der Analyse von Nutzungsprofilen ist eine minimale Anzahl von Aufzeichnungen in der Datenbasis (minimaler Stichprobenumfang).

   Am Ende der Modellbildung wird das vorhergesagte Nutzungsprofil auf Basis von Pausenzeiten (siehe Abschnitt 5.3.3) beschrieben und in Form einer XML-Datei gespeichert. Die Vorlage zur Erzeugung der XML-Datei ist in Auflistung B.2 in Anhang dargestellt.

4. **Erzeugung des NC-Codes:** Sobald neue Modelle von Nutzungsprofilen in der Datenbasis vorhanden sind, können sie für die prädiktive Ansteuerung von Versorgungssystemen eingesetzt werden. Anders als die vorherigen Prozeduren wird dieser Schritt im Selbstoptimierungskreislauf nicht automatisch getriggert. Die Entscheidung, ob und wann der Optimierungsregelkreis für ein bestimmtes Teileprogramm geschlossen wird, wird vom Mensch (manuell) mit Hilfe von Benutzerschnittstellen getroffen. Abbildung 5.19 zeigt ein Beispiel von einer graphischen Benutzerschnittstelle, welche dem Maschinenbediener am Bedienfeld der Maschinensteuerung zur Verfügung stehen kann. In dem mit (A) markierten Bereich kann der Maschinenbediener die Optimierung eines Teileprogramms aktivieren bzw. deaktivieren. Eine weitere Option ist das Löschen aller bisherigen Aufzeichnungen eines bestimmten Teileprogramms und somit das Rücksetzen des Lernverfahrens. Informationen, wie die Anzahl von Aufzeichnungen (*Recs*), die Durchlaufzeit, die gemessene Energieeinsparung (ΔE [%]) und der letzte sowie der maximale Energieverbrauch jedes Teileprogramms, lassen sich in dem mit (B) markierten Bereich überwachen.

   Um die in Form einer XML-Datei gespeicherten Modelle in die NC-Steuerung zu übertragen, werden die vorhergesagten Pausenzeiten in NC-Code automatisch übersetzt und in einer getrennten NC-Programmdatei gespeichert. Für die Beschreibung der Pausenzeiten im NC-Programm sind drei spezielle Hilfsfunktionen notwendig: „OPID" trägt die Identifikationsnummer der Operation, „DT" die Zeit in Millisekunden bis zum Beginn der Pause und „DUR" signalisiert, ebenso in Millisekunden, die Dauer der Pause (Auflistung 5.1). Damit die ers-

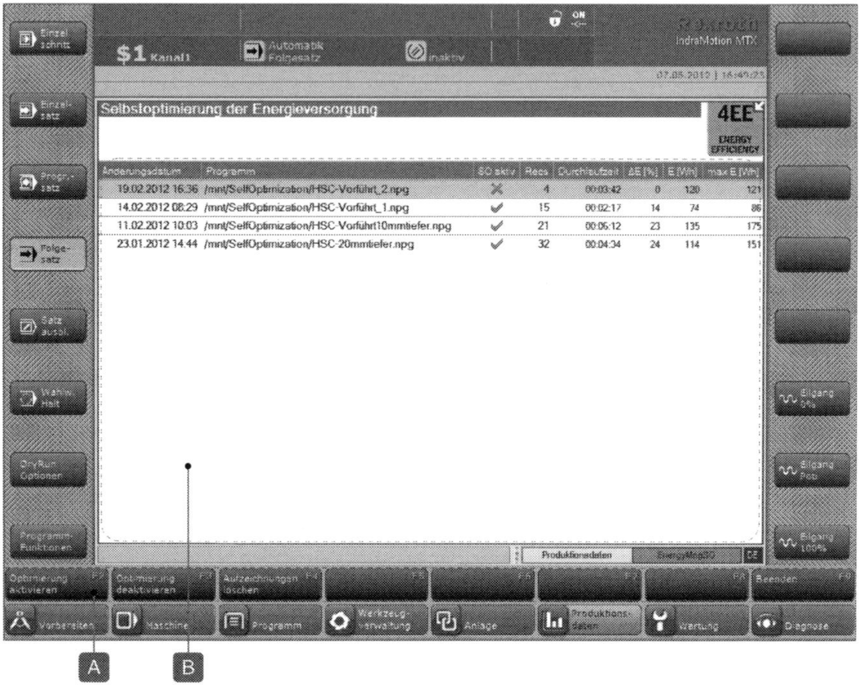

Abbildung 5.19: *Graphische Benutzerschnittstelle zum Management der Selbstoptimierung der Energieversorgung bezogen auf Teileprogramme. Quelle: Bosch Rexroth AG.*

ten Pausen jeder Operation denselben zeitlichen Ursprung aufweisen, werden die Timer der Steuerung (SPS) mit Hilfe des Befehls „M100“ am Ende der Übertragung synchronisiert.

Auflistung 5.1: *Beispiel eines Unterprogramms für die Meldung der Pausenzeiten einzelner Operationen*

```
; Used by: /mnt/TestCode_03.npg (07.02.2012 09:54:18)
N10 OPID1 DT0     DUR1076
N20 OPID2 DT0     DUR3084
N30 OPID1 DT4900  DUR13440
N40 OPID2 DT2896  DUR19440
N50 OPID1 DT30016 DUR0
N60 OPID1 DT30016 DUR0
N70 OPID2 DT3676  DUR20336
N80 M100
```

Letztendlich muss das vorbereitete Modell des Nutzungsprofils mit dem entsprechenden Teileprogramm verbunden werden. Dies geschieht, indem das originale NC-Programm mit einem neuen Befehl für das Aufrufen des Unterprogramms mit den Pausenzeiten versehen wird. Auflistung 5.2 beinhaltet ein Beispiel eines Hauptprogramms mit dem maschinell hinzugefügten Aufrufbefehl („CALL“) in der ersten Zeile. Zu sehen sind auch die Kommentare zur Triggerung der Aufzeichnung („SO-Start“ und „SO-Ende“). Es ist wichtig, dass der Aufrufbefehl noch vor dem Kommentar zur Triggerung eingetragen wird, damit die Befehle zur Meldung der Pausenzeiten keinen Einfluss auf die Aufzeichnung aufweisen.

Auflistung 5.2: *Beispiel eines Hauptprogramms mit Aufruf des Unterprogramms und Kommentare für die Triggerung der Aufzeichnung*

```
10 CALL /mnt/TestCode_03_SOmsgs.npg
; SO-Start
[Originalprogramm steht hier]
; SO-Ende
```

5. **Prädiktive Ansteuerung:** Die prädiktive Ansteuerung der Versorgungssysteme wird letztendlich in der SPS ausgeführt. Nach der Abarbeitung der Hilfsfunktionen im Unterprogramm werden die aufgelisteten Pausen in der SPS gespeichert. Für jedes anzusteuernde Versorgungssystem wird eine Menge von Timern bereitgestellt, die der Anzahl von versorgten Operationen entspricht. Die Pausen werden dann der Reihenfolge nach zeitlich verfolgt und für die Ansteuerung der funktionalen Zustandsmaschine verwendet (siehe Kapitel 5.1.2).

   Um die Randbedingungen des Modells zu berücksichtigen, werden die Versorgungssysteme nur modellbasiert angesteuert, wenn die folgenden Voraussetzungen erfüllt sind:

   - die Maschine muss im Automatikmodus sein,
   - ein NC-Programm muss ausgeführt werden,
   - es darf keinen Vorschubhalt geben und
   - der Vorschuboverride-Schalter muss auf 100% stehen.

   Wird eine der beschriebenen Bedingungen nicht erfüllt, auch wenn nur für eine kurze Zeit, werden die angesteuerten Versorgungssysteme automatisch auf den jeweiligen höchsten funktionalen Zustand versetzt. Die prädiktive Steuerung wird somit unterbrochen und bis zum Ende des Bearbeitungsvorgangs stillgelegt.

5.4.2 Abbildung des Selbstoptimierungskreislaufes

Bei einem selbstoptimierenden System werden drei Aktionen kontinuierlich wiederholt, die den sogenannten Selbstoptimierungskreislauf bilden (siehe Kapitel 2.5). Die in diesem Kapitel beschriebenen Prozeduren zur Selbstoptimierung der Energieversorgung von Maschinenkomponenten lassen sich also auf diese drei Aktionen abbilden (Abbildung 5.20).

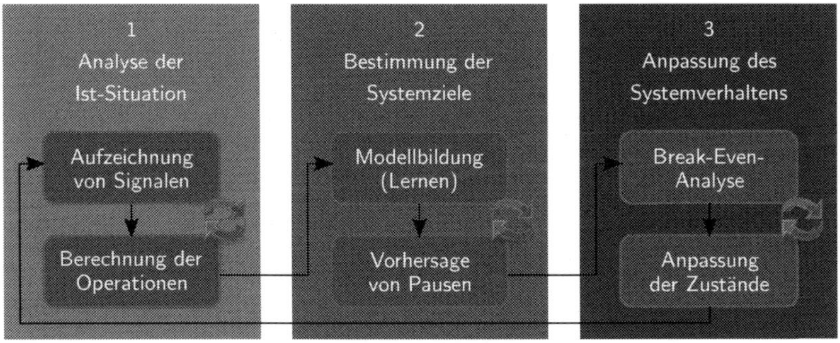

Abbildung 5.20: *Abbildung der Selbstoptimierung der Energieversorgung von Maschinenkomponenten auf den allgemeinen Selbstoptimierungskreislauf.*

Im Folgenden werden die drei Aktionen zur Selbstoptimierung der Energieversorgung von Maschinenkomponenten zusammengefasst:

1. **Analyse der Ist-Situation:** Der erste Schritt dieser Aktion ist die Aufzeichnung von ausgewählten Signalen, welche bei jeder Ausführung eines zu optimierenden Teileprogramms durchgeführt wird. Unmittelbar nach der Aufzeichnung werden die einzelnen konfigurierten Maschinenoperationen berechnet.

2. **Bestimmung der Systemziele:** Die Zielbestimmung besteht aus der Modellbildung des Nutzungsprofils und der resultierenden Vorhersage von Pausen. Sie basiert auf der Anpassung von alten Zielen, wenn andere Modelle bereits vorhanden sind, oder auf der Generierung von neuen Zielen (neuem Modell), wenn ein neues Teileprogramm benutzt wird. Nachdem eine minimale Anzahl von Aufzeichnungen vorhanden ist, wird diese Aktion bei einer externen Triggerung (z. B. Mensch) wiederholt oder bei jeder Vervollständigung einer neuen Gruppe von Aufzeichnungen mit vordefinierter Größe.

3. **Anpassung des Systemverhaltens:** Bei dieser Aktion wird nach der Break-Even-Analyse der Zustand des Versorgungssystems angepasst (prädiktive Ansteuerung). Sie wird bei jeder Ausführung eines zu optimierenden Teileprogramms, dem ein Modell des Nutzungsprofils bereits zugeordnet wurde, durchgeführt.

5.5 Systembewertung

Für die Bewertung der Selbstoptimierung der Energieversorgung von Maschinenkomponenten wurden zwei Versorgungssysteme als Anwendungsfälle gewählt: das Hydraulikaggregat mit Speicherladeschaltung (Hydraulikversorger) und das Achse-Haltebremse-System (Kombination von einem elektrischen und einem hydraulischen Versorger).

5.5.1 Anwendungsfall: Hydraulikaggregat mit Speicherladeschaltung

Die Funktionsweise und die Eigenschaften der Speicherladeschaltung wurden in Kapitel 5.2 bereits beschrieben. Für die Untersuchungen wurde eine Werkzeugmaschine von Typ BA S03-11® der Firma Schwäbische Werkzeugmaschinen GmbH umgerüstet (siehe technische Daten in Anhang A.1). Das Verhalten des Hydraulikversorgers dieser Maschine entspricht dem des in Kapitel 5.2 simulierten Systems. Auch das verwendete Nutzungsprofil ist in Abbildung 5.5 zu sehen.

Mit dem Einsatz der prädiktiven Steuerung ist zu erwarten, dass der Motor der Speicherladeschaltung häufiger zu- und abgeschaltet wird. Um die zusätzliche Belastung zu reduzieren und Stromspitzen zu unterdrücken, wurde ein kostengünstiger Soft-Starter in die Speicherladeschaltung eingebaut. Somit wurde sichergestellt, dass die Ansteuerung keine negative Auswirkung auf die Lebensdauer des Motors und der Pumpe hat.

Die Speicherladeschaltung der untersuchten Werkzeugmaschine versorgt drei Maschinenoperationen:

- das Lösen des Werkzeugspanners (bei Werkzeugwechsel),
- die Klemmung des Drehtisches und
- die Klemmung der Schwenkachse.

Es wurde davon ausgegangen, dass jede der drei Operationen nur versorgt werden kann, wenn der Motor läuft. Das heißt, der Speicher ist für die Versorgung der Operationen allein nicht ausreichend.

Das SPS-Programm der Maschine wurde mit den Algorithmen der prädiktiven Steuerung versehen (siehe Aktivitätsdiagramm in Anhang B) und die NC-Steuerung wurde konfiguriert, um die zusätzlichen notwendigen Hilfsfunktionen zu unterstützen. Darüber hinaus wurde der automatische Aufzeichnungsmechanismus so eingestellt, dass die relevanten Signale der Maschine aufgezeichnet und in Operationen umgerechnet werden können.

Abbildung 5.21 beinhaltet die Ergebnisse der Untersuchung des selbstoptimierenden Systems. Dargestellt werden die Energieeffizienz und die gesamte Verspätung bei der Zuschaltung des Systems über vier Generationen. Auch die Werte ohne Selbstoptimierung („ohne SO") sind in der Graphik zu sehen.

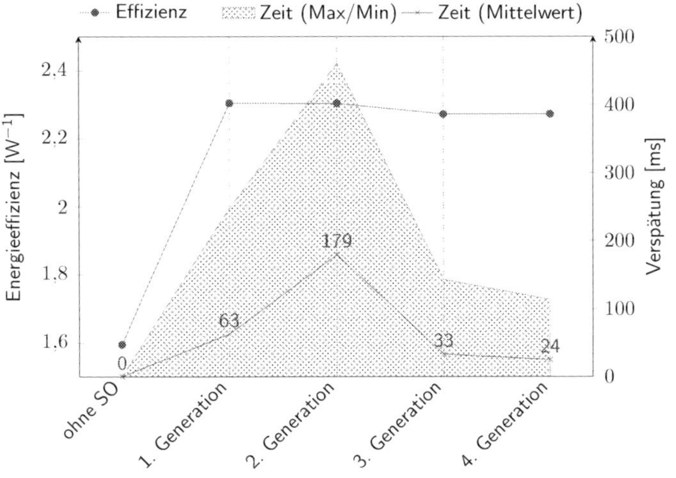

Abbildung 5.21: *Durchschnittliche Energieeffizienz und Verspätung bei einer Speicherladeschaltung über vier SO-Generationen ($k_P = 0,5$).*

Jeder Generation entspricht einer Anzahl von zusätzlichen drei Aufzeichnungen (Zyklen). Das heißt, dass während bei der ersten Generation nur drei Aufzeichnungen für die Modellbildung verwendet wurden, waren bei der vierten Generation insgesamt zwölf Aufzeichnungen nötig.

Der Progressivitätsgrad wurde auf $k_P = 0,5$ eingestellt, da in der Simulation Progressivitätsgrade zwischen null und eins die besten Ergebnisse erzielten.

Die Energieeffizienz wurde ähnlich wie bei der Simulation berechnet ($E_{\text{eff}} = \frac{\Delta T_{\text{Prog}} - \Delta T_{\text{Verlust}}}{\Delta E}$). Um die eingesetzte Energie (ΔE) zu messen, wurde ein Energiezähler[5] an den Motor angebaut und mit der SPS integriert.

Dadurch, dass der Hydraulikspeicher eventuelle Verspätungen beim Zustandswechsel intransparent macht (keine Verzögerung der gesamten Bearbeitung), wurde $\Delta T_{\text{Verlust}}$ aus der Summe der einzelnen Verspätungen berechnet.

Es ist in der Grafik zu sehen, dass die Energieeffizienz schnell konvergiert. Dennoch steigt die Verspätung rasant bis zur zweiten Generation. Danach sinken sowohl ihr Mittelwert als auch ihr maximaler Wert und die Verspätung stabilisiert sich in der vierten Generation.

5.5.2 Anwendungsfall: Achse-Haltebremse-System

Der zweite untersuchte Anwendungsfall ist das sogenannte Achse-Haltebremse-System. Ziel dieses Systems ist sowohl die Versteifung der Vorschubachse als auch die Energieeinsparung während Stillständen.

In Abbildung 5.22 wird eine Skizze des Systems dargestellt. Die Haltebremse wird direkt an der Führung angebaut und vom Hydraulikaggregat versorgt. Wenn der Druck auf die Bremse steigt, wird die

[5] Der verwendete elektronische Drei-Phasen-Drehstromzähler zur Messung der Wirkenergie (von Typ EMU32.61 der Fa. TIP Thüringer Industrie Produkte GmbH) verfügt über eine S0-Schnittstelle, die einen Impuls von 40 ms für jede Wattstunde ausgibt. In der SPS wurde ein Zähler implementiert, der die eingehenden Impulse der Energiezähler speichert.

Bremse geöffnet und die Achse gelöst. Eine Senkung des Drucks verursacht das Klemmen der Achse an der Führung, da sie über eine Tellerfeder verfügt, welche die Bremse in den geschlossenen Zustand versetzt. Die Haltebremse verbraucht also nur Energie, wenn sie geöffnet wird. Ein Rückschlagventil sorgt dafür, dass der Druck auf die Bremse im geöffneten Zustand erhalten bleibt.

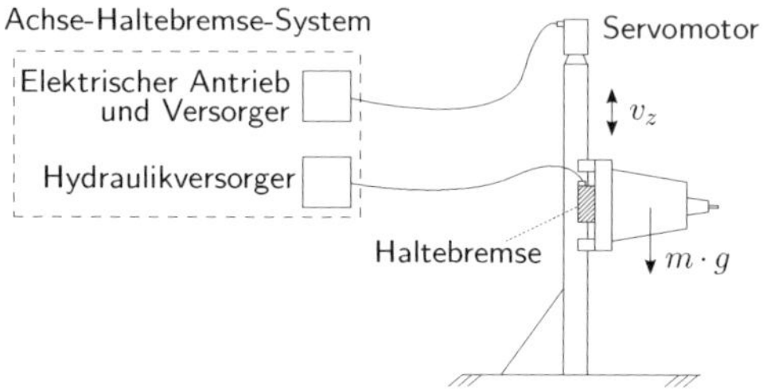

Abbildung 5.22: *Skizze des Achse-Haltebremse-Systems.*

Der Schlitten wird von einem Servomotor mit Hilfe eines Kugelgewindetriebs angetrieben. Ist die Achse im Stillstand und von der Haltebremse geklemmt, kann die Regelfreigabe des Servomotors im Antrieb gelöscht werden. Somit wird der Servomotor komplett abgeschaltet und die entsprechende Energie für das Halten der Achse kann gespart werden.

Das Achse-Haltebremse-System wurde sowohl in einen einachsigen Prüfstand als auch in eine Werkzeugmaschine vom Typ DMC 80 H® der Firma Gildemeister AG integriert (siehe technische Daten in Anhang A.2). Die endgültigen Messwerte wurden an der realen Werkzeugmaschine erfasst.

Das modellierte Versorgungssystem verfügt über zwei Zustände (Abbildung 5.23). Während auf dem Zustand σ_2 die Haltebremse geöffnet und der Servomotor in Regelung ist, bleibt der Servomotor auf dem Zustand σ_1 abgeschaltet und die Achse geklemmt. Die Transitionskosten wurden gemessen. Sie umfassen die Energie, die sowohl vom Hydraulikaggregat zum Klemmen der Achse benötigt als auch vom elektrischen Antrieb während der Transitionszeit verbraucht wird. Die resultierende Break-Even-Zeit beträgt 1,5 s.

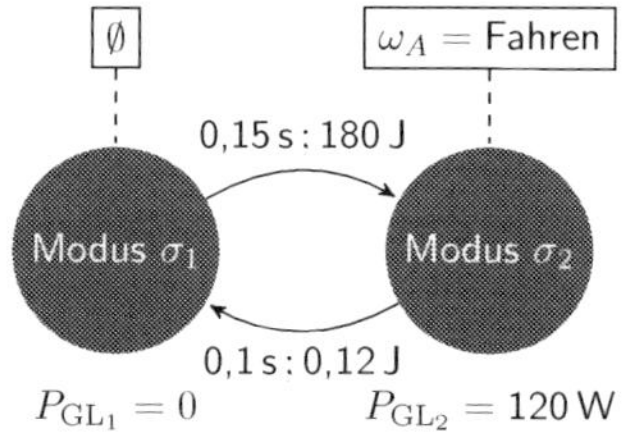

Abbildung 5.23: *Funktionale Zustandsmaschine des Achse-Haltebremse-Systems.*

Bei der funktionalen Zustandsmaschine wird allein die Operation „Fahren“ vom Zustand σ_2 unterstützt. Für die Berechnung der Operation wird allein die Soll-Position der vertikalen Maschinenachse (Z-Achse) aufgezeichnet. Nach der Aufzeichnung wird die Geschwindigkeit abgeleitet und das resultierende Signal mit Hilfe eines Schwellwerts in ein Boolesches Signal gewandelt: Einsen bedeuten Bewegung und Nullen bedeuten Stillstand (Abbildung 5.24).

Obwohl die Leistungsaufnahme zum Halten der Achse (P_{GL_2}) bei der untersuchten Werkzeugmaschine relativ niedrig ist, können z. B. Werkzeugmaschinen mit Lineardirektantrieb eine entsprechende Leistungsaufnahme von bis zu 2,3 kW aufweisen. Auch größere Werkzeugmaschinen können wegen des höheren Gewichts ihrer hängenden Achse sogar mit indirekten Antrieben hohe Leistungen aufnehmen.

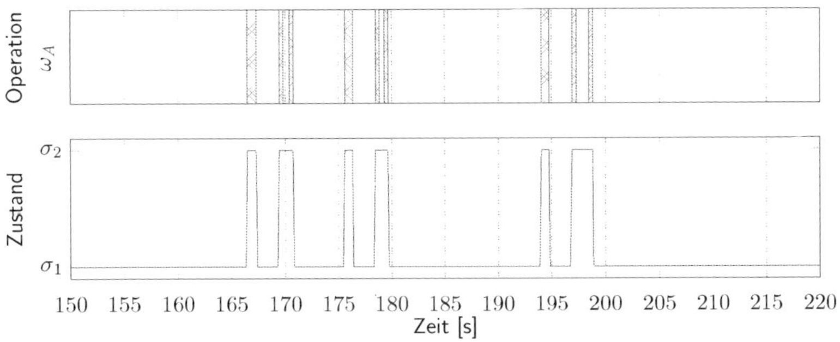

Abbildung 5.24: *Auszug des verwendeten Nutzungsprofils (Bewegung der vertikalen Achse). Legende:* σ_1 *Achse geklemmt,* σ_2 *Bremse gelöst,* ω_A *Operation ‚Fahren'.*

Die Kombination von zwei Versorgungssystemen bei einer funktionalen Zustandsmaschine kann zu Konflikten bei der Optimierung führen. Um das zu vermeiden, muss die Transition „Haltebremse lösen" bei einer gleichzeitigen Optimierung des Hydraulikversorgers als Operation mit berücksichtigt werden.

Eine weitere Voraussetzung für die Eignung der Selbstoptimierung eines Achse-Haltebremse-Systems ist die Bearbeitungstoleranz. Es muss sichergestellt werden, dass die erwartete Oberflächenqualität auch mit der geklemmten Achse erreichbar ist (z. B. nur bei Schruppen). Eine zusätzliche Hilfsfunktion im Teileprogramm ermittelt die Freigabe zur automatischen Klemmung der Achse. Die Achse wird jedoch nur dann geklemmt, wenn eine Pause vorhergesehen ist, die länger als die Break-Even-Zeit dauert.

Die Ergebnisse der Selbstoptimierung des Achse-Haltebremse-Systems werden in Abbildung 5.25 dargestellt. Die Grafik zeigt einen Anstieg der Verspätung bis zur zweiten Generation der Selbstoptimierung und einen rasanten Rückgang ab der dritten Generation mit einer Stabilisierung der Verspätung bei der vierten Generation. Die vierte Generation weist eine maximale Verspätung von 119 ms bei einer Zykluszeit von 398 s auf (ein Verhältnis von ca. 0,03%). Die Energieeffizienz wird am Anfang stark gesteigert, dennoch fällt sie nach der zweiten Generation bis zur Konvergenz in der vierten Generation langsam ab.

Der Kompromiss zwischen Verfügbarkeit und Energieverbrauch ist bei diesem Anwendungsfall deutlicher zu sehen als bei der Speicherladeschaltung. Das liegt daran, dass aufgrund der kürzeren Break-Even-Zeit der Zustand des Systems häufiger gewechselt wird. Es kann also gesagt werden, dass wegen der Reihenschaltung von Pausen mehr Freiheitsgrade entstehen und der geschlossene Regelkreis somit empfindlicher wird (Peitscheneffekt).

Ein weiterer Grund für die Empfindlichkeit des Regelkreises ist das Verhältnis zwischen der Länge der aufgetretenen Pausen und der Break-Even-Zeit. Bei der Speicherladeschaltung waren die nützlichen Pausen deutlich länger als die Break-Even-Zeit. Dagegen waren beim Achse-Haltebremse-System manche Pausen fast so lang wie die Break-Even-Zeit und die Variation der Pausenlänge konnte somit den Zustandswechsel unmittelbar beeinflussen.

5.6 Zwischenfazit

Der Fokus dieses Kapitels war die Reduktion des Versorgungsüberschusses und somit der Grundlast der gesamten Werkzeugmaschine mit Hilfe von Versorger-Controllern. Diese Controller sind in der Lage, Versorgungssysteme während eines Bearbeitungsvorgangs auf verschiedene Modi bzw. Zustände

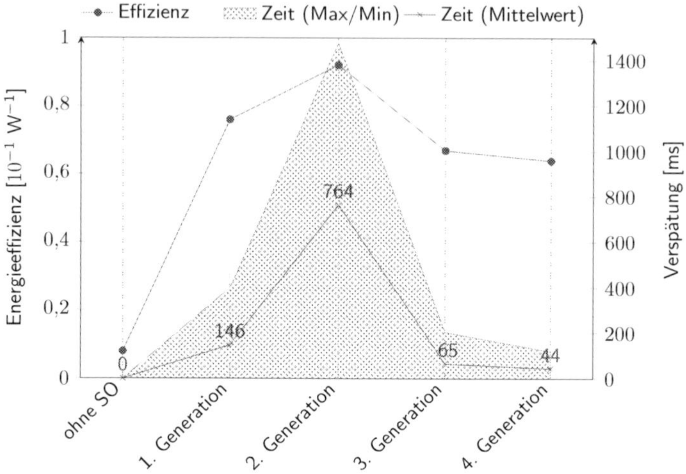

Abbildung 5.25: *Durchschnittliche Energieeffizienz und Verspätung bei einem Achse-Haltebremse-System über vier SO-Generationen* ($k_P = 0,5$).

zu schalten, um eine Absenkung des Gesamtenergieverbrauchs zu erzielen. Die erste Voraussetzung dafür ist die Modellierung von Versorgungssystemen basierend auf funktionalen Zustandsmaschinen.

Die Simulation verschiedener Steuerungsstrategien zeigte, dass besonders die prädiktive Steuerung ein großes Potenzial für die Energieeinsparung darstellt und selbstständig und flexibel auf veränderte Betriebsbedingungen reagieren kann. Die Basis zur Erkennung von neuen Betriebsbedingungen wird allerdings von der kontinuierlichen Modellierung des Nutzungsprofils geschaffen.

Das konzipierte Selbstoptimierungssystem wurde in realen Steuerungen und Maschinen umgesetzt. Trotz der Robustheit und Autonomie des Systems wurde darauf geachtet, dass auch der Mensch über die HMI den Selbstoptimierungskreislauf beeinflussen kann. So lässt sich das Optimierungssystem gezielt einsetzen und eventuelle Auswirkungen bei kritischen Betriebsbedingungen isolieren.

Die Systembewertung zeigt, dass das selbstoptimierende System sowohl bei der Optimierung der Speicherladeschaltung als auch des Achse-Haltebremse-Systems sicherstellen kann, dass die Energieeffizienz gesteigert wird und der Verfügbarkeitsverlust so gering wie möglich gehalten wird. Mit dieser Validierung kann davon ausgegangen werden, dass der Einsatz des Optimierungssystems bei anderen Anwendungsfällen ähnliche Ergebnisse erzielen kann.

Das Energieeinsparpotenzial von Werkzeugmaschinen liegt dennoch nicht nur an ihrer Grundlast während der Betriebszeit. Vor allem lange Betriebspausen oder sogar kurze Pausen zwischen Bearbeitungsvorgängen können trotz des Stillstands der Maschine aufgrund des ununterbrochenen Betriebs von Nebenaggregaten viel Energieverbrauch verursachen. Die Selbstoptimierung des Energieverbrauchs auf der Prozessleitebene spielt somit auch eine wichtige Rolle bei der Steigerung der Energieeffizienz und wird im nächsten Kapitel veranschaulicht.

Kapitel 6

Selbstoptimierung des Energieverbrauchs auf der Prozessleitebene

In Kapitel 5 wurde dargestellt, wie eine selbstoptimierende Werkzeugmaschine während ihrer Haupt- und Nebennutzung (vor allem Bearbeitungszeit) die Energieversorgung der Maschinenkomponenten bedarfsgerecht steuern kann, um den Gesamtenergieverbrauch zu minimieren.

Werkzeugmaschinen verbrauchen dennoch nicht nur während der produktiven Zeit Energie. Je nach Maschine und Betriebsart können die Energiekosten, die während Stillständen verursacht werden, von drei Prozent (beim Dreischichtbetrieb in der Serienfertigung) bis 43 Prozent (bei der Einzelfertigung) des Jahresenergieverbrauchs betragen [KR08]. Ein Grund dafür sind die hohen konstanten Leistungsaufnahmen, die Werkzeugmaschinen während der Fertigungsbereitschaft aufweisen, wie in Abbildung 2.3 dargestellt wurde. Manche Maschinenkomponenten bleiben immer in Betrieb, um eventuelle Verfügbarkeitsverluste zu vermeiden.

Ein weiterer Grund für die hohen Energieverbräuche sind die langen Stillstandszeiten im Vergleich zu den tatsächlich produktiven Zeiten. In der Regel ist die Kapitalbindung des Betriebsmittels umso geringer, je größer der Prozentanteil der Zeit ist, in der die Maschine stillsteht [DG04]. Der Zeitanteil des Stillstands kann somit je nach Werkzeugmaschine von zehn bis 65 Prozent der Gesamtbetriebszeit betragen. Bei einer fünfachsigen Fräsmaschine kann z. B. der Energieverbrauch während nicht produktiver Zeiten 47 Prozent des Jahresenergieverbrauchs ausmachen, wobei 13 Prozent davon im Stillstand verursacht wird [DDD+07].

Eine mögliche Maßnahme zur Reduzierung des Energieverbrauchs während Stillständen ist die Optimierung der Terminierung von Maschinen (*Scheduling*) in der Produktion [CT10, PS11, FUZS11]. Damit können beispielsweise Stillstandszeiten reduziert werden oder Werkzeugmaschinen, die eine höhere Grundlast aufweisen, stärker ausgelastet werden als andere, die im Stillstand energiesparsamer sind.

Trotz intensiver Bemühungen sind manche Stillstände nicht zu vermeiden. Abbildung 6.1 stellt die Gliederung der Betriebsmittelzeit nach REFA [REF91] dar. Ausgenommen von der Hauptnutzung können alle anderen Ablaufarten Stillstände einer Werkzeugmaschine verursachen.

Nebennutzung: Die Nebennutzung ist eine Vorbereitung für die Hauptnutzung. Teil der Nebennutzung findet nur bei Teilsystemen der Maschine statt und lassen sich von der Hauptnutzung auf der Leitebene nur schwer unterscheiden (z. B. Eilgänge oder der Werkzeugwechsel). Wird die Werkzeugmaschine z. B. manuell bzw. von einer anderen Maschine beschickt oder entleert, wird in der Regel die ganze Maschine in Stillstand versetzt.

Zusätzliche Nutzung: Diese Nutzung ist eine Haupt- oder Nebennutzung der Maschine, die nicht geplant wurde (z. B. zusätzliche Reinigung).

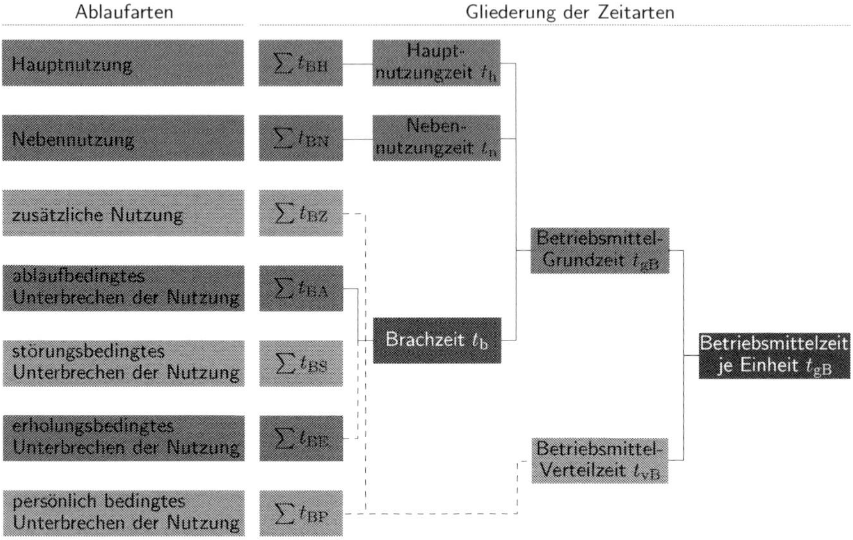

Abbildung 6.1: *Zuordnung der Ablaufarten zur Betriebsmittelzeit je Einheit [REF91].*

Ablaufbedingtes Unterbrechen: Bei dieser Unterbrechung wartet die Maschine planmäßig auf eine Tätigkeit des Menschen oder auf das Ende eines Arbeitsschrittes von anderen Maschinen (Verriegelung).

Störungsbedingtes Unterbrechen: Bei dieser Unterbrechung muss die Maschine außerplanmäßig warten, da technische oder organisatorische Störungen eingetreten sind (z. B. Energieausfall).

Erholungsbedingtes Unterbrechen: Die Maschine wird aufgrund des Erholens der Maschinenbediener stillgelegt.

Persönlich bedingtes Unterbrechen: Dieses ist ein weiteres durch den Menschen verursachtes Unterbrechen der Nutzung.

Die sogenannte Brachzeit besteht aus ablauf- und erholungsbedingten Unterbrechungen der Nutzung. Diese Unterbrechungen sind nicht komplett zu vermeiden. Deswegen wird die Brachzeit als Bestandteil der Betriebsmittel-Grundzeit betrachtet. Eine höhere Energieeffizienz lässt sich also nur mit der Reduzierung des Energieverbrauchs während der Stillstände erreichen.

Die übliche Maßnahme zur Erhöhung des Nutzungsgrads und somit der Energieeffizienz einer Produktionsmaschine ist das Abschalten nach Time-out. Mit Hilfe dieser Strategie ist es möglich, verschiedene Teilsysteme der Maschine nach einer gewissen Stillstandszeit automatisch abzuschalten. Das Nutzungsprofil muss nicht bekannt sein. Die Teilsysteme werden automatisch zugeschaltet, wenn eine neue Operation ausgelöst wird. Aufgrund dieses reaktiven Verhaltens wird die Durchlaufzeit der geplanten Operationen verlängert, denn die Maschine muss erst wieder in die Betriebsbereitschaft versetzt werden. Die Produktivität der Werkzeugmaschine wird somit beeinträchtigt.

Um bessere Ergebnisse zu erzielen, werden Werkzeugmaschinen von den sogenannten intelligenten Steuerungen (siehe Kapitel 2.4) stufenweise in sparsamere Modi versetzt. Dennoch müssen, um eine optimale Konfiguration der Time-out-Zeiten zu erreichen, detaillierte Informationen über die Bereitschaft und die Verfügbarkeit der Maschine vorhanden sein [LZKH11].

Dieses Kapitel veranschaulicht ein modellbasiertes Energiemanagement, das auf Basis von Prognosen des Nutzungsprofils den Energieverbrauch von Werkzeugmaschinen während unvermeidbarer Stillstände mit einem möglichst geringen Einfluss auf den Produktionsablauf reduzieren kann. Während das erste entwickelte Selbstoptimierungssystem (s. Kapitel 5) eine Optimierung in der produktiven Betriebszeit erzielt, konzentriert sich das Selbstoptimierungssystem in diesem Kapitel auf die Einsparung in der Stillstandszeit der Maschine. Somit ergänzen sich die zwei Selbstoptimierungssysteme, um ein gemeinsames Ziel zu erreichen.

6.1 Automatische Analyse von Produktionsverläufen

Um Informationen über das Nutzungsprofil einer Werkzeugmaschine zu erhalten, ist die Nutzung verschiedener Quellen möglich, wie die Produktionsplanung und -steuerung, das Leitsystem und die eigene Maschinensteuerung. Eine automatische Analyse der Produktionsverläufe lässt sich jedoch nur realisieren, wenn die nötigen Informationen ständig aktuell gehalten werden.

In vielen Fertigungsanlagen werden Steuerungen eingesetzt, die keine Vernetzung mit den oberen Ebenen der Automatisierungspyramide (MES bzw. ERP) aufweisen. Obwohl viele Informationen der Produktionsplanung und -steuerung auf der Prozessleitebene dementsprechend nicht vorhanden sind, kann die kontinuierliche Überwachung des Produktionskontexts auf Maschinenebene die Vorhersage des zukünftigen Nutzungsprofils ermöglichen [BBS+11]. Diese Prozedur besteht grundsätzlich aus zwei wiederkehrenden Aktionen: der Datenerfassung und der Signalverarbeitung mit anschließender Mustererkennung.

6.1.1 Datenerfassung

Damit die Unterbrechungen der Nutzung einer Werkzeugmaschine prognostiziert werden können, müssen Daten erfasst werden, die Informationen über den Betriebszustand der Maschine enthalten.

Die Hauptnutzung der Maschine ist mit dem Betrieb der Hauptspindel (Hauptantrieb) unmittelbar gekoppelt: es kann davon ausgegangen werden, dass es keine Hauptnutzung ohne drehende Spindel gibt. Dennoch ist diese Bedingung allein nicht ausreichend, da die Hauptspindel auch ohne Kontakt mit dem Werkstück während der Nebennutzung dreht (z. B. nach einem Werkzeugwechsel und während des Positionierens des Werkzeugs). Während Stillständen der Maschine ist die Spindel ebenfalls inaktiv.

Auch die Vorschubachsen weisen ein ähnliches Verhalten wie die Hauptspindel auf und können sowohl bei der Haupt- als auch bei der Nebennutzung in Bewegung gesetzt werden. Gemeinsam ist vor allem die Tatsache, dass die Hauptnutzung der Maschine vom Betrieb der NC-gesteuerten Achsen definiert ist. Daten aus der NC-Steuerung können also ausreichende Information über Unterbrechungen der Maschinennutzung liefern und werden mit Hilfe von drei Zuständen zusammengefasst: dem Betriebsmodus, dem Kanalzustand und dem Wartezustand.

Der erste zu erfassende Maschinenzustand ist der Betriebsmodus. Er bestimmt z. B., ob die Maschine manuell oder automatisch gefahren wird. In Tabelle 6.1 sind verschiedene Betriebsmodi zu sehen. Während einige Modi als in Betrieb und somit niemals als im Stillstand eingestuft sind, sind andere undeutlich in Bezug auf Unterbrechungen der Nutzung und müssen mit weiteren Informationen ergänzt werden.

Eine herkömmliche NC-Steuerung kann mehrere Kanäle[1] unterstützen und weist daher kanalabhän-

[1] „Durch die mehrkanalige Auslegung [von NC-Steuerungen] können unterschiedliche Achsverbände voneinander unabhängige Bewegungen ausführen. Jeder Kanal repräsentiert dabei ein eigenständiges System mit mehreren Achsen und eigenem NC-Programm sowie eigener Satzaufbereitung und Interpolation. Die Programme der einzelnen Kanäle können parallel bearbeitet, aber auch miteinander synchronisiert werden. Die Mehrkanaltechnik wird im Allgemeinen jedoch hauptsächlich bei größeren Bearbeitungszentren mit mehreren Hauptspindeln sowie bei der Parallelbearbeitung mit Haupt- und Gegenspindel verwendet [...]“ [Wec06b]

Tabelle 6.1: *Betriebsmodi einer Werkzeugmaschine.*

Betriebsmodus	Beschreibung	Einstufung
Jogging	die Maschine wird manuell gefahren	**undeutlich**
Reference	die Vorschubachsen werden referenziert	in Betrieb
Search Run	Erproben und Einfahren von NC-Programmen	in Betrieb
MDI	*Manual Data Input* (Handeingabe von NC-Befehlen)	**undeutlich**
Automatic	die Maschine wird automatisch betrieben	**undeutlich**
Single Block	einzelne Sätze eines NC-Programms werden ausgeführt	in Betrieb
Single Step	„Single Block“ mit von der NC eingefügten Ausgleichssätzen	in Betrieb
Return to Path	Wiederanfahren an die Kontur	in Betrieb

gige Zustände auf. Werden in der Werkzeugmaschine mehrere Kanäle verwendet, müssen die drei genannten Zustände je Kanal erfasst werden. Die Unterbrechung der Nutzung ist dann nur für einen Kanal gültig und muss beim Energiemanagement entsprechend berücksichtigt werden.

Der sogenannte Kanalzustand ist der Hauptinformationsträger in Bezug auf Unterbrechungen der Maschinennutzung. Sein Verlauf basiert auf Zustandsmaschinen, die je nach Betriebsmodus leicht unterschiedlich sein können. In Abbildung 6.2 wird die Zustandsmaschine eines NC-Kanals für die Ausführung eines Teileprogramms dargestellt.

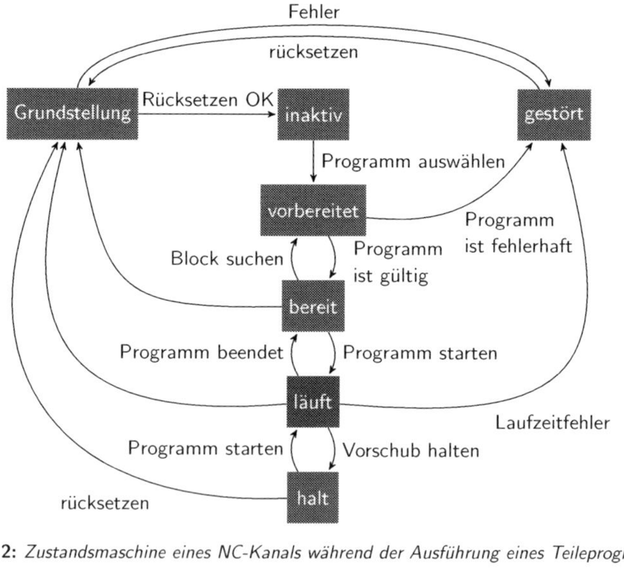

Abbildung 6.2: *Zustandsmaschine eines NC-Kanals während der Ausführung eines Teileprogramms.*

Diese Zustandsmaschine wird von der NC-Steuerung eingesetzt, wenn der Betriebsmodus die Ausführung von NC-Programmen ermöglicht. Der einzige Zustand, auf dem die Hauptnutzung der Werkzeugmaschine stattfinden kann, wird nach dem Start eines Teileprogramms erreicht (Zustand „läuft“). Bei allen anderen Zuständen kann davon ausgegangen werden, dass die Maschine im Stillstand ist oder für die Hauptnutzung vorbereitet wird.

Der letzte Zustand eines NC-Kanals, der auf die Unterbrechung der Maschinennutzung deuten kann, ist der Wartezustand. Ein NC-Kanal kann jeder Zeit in einem Wartezustand sein. Beispiele sind das Warten auf Quittierung von Hilfsfunktionen, welche von der SPS abgearbeitet werden, und programmierte Verweilzeiten. Dennoch sind die am wichtigsten Wartezustände erreicht, wenn:

- der Vorschuboverride-Schalter auf null steht,
- das Programm gestoppt (mit Hilfe vom Befehl M0 oder M1) oder
- der Vorschub gehalten wird

Der Grund für diese Auswahl ist das Verhalten mancher Maschinenbediener. Es ist bekannt, dass z. B. während erholungsbedingter Unterbrechungen der Maschinennutzung, der Vorschuboverride-Schalter von Bediener auf null gedreht wird. Das ermöglicht dem Maschinenbediener einen schnellen Start der Bearbeitung nach der Pause, indem er das Vorschuboverride einfach wieder auf 100 Prozent bringt. Die Werkzeugmaschine bleibt jedoch im Betrieb und verbraucht unnötige Energie.

Die Erfassung der beschriebenen Steuerungszustände erfolgt mit Hilfe einer Middleware über das Ethernet-Netzwerk. Die Auswahl des Abtastintervalls muss zwei Anforderungen erfüllen. Auf der einen Seite soll die Überwachung der Zustände das Netzwerk und die Steuerung nicht exzessiv belasten. Auf der anderen Seite müssen periodische Unterbrechungen der Maschinennutzung erkennbar sein, die in der Größenordnung von Minuten stattfinden.

Nach dem *Nyquist-Shannonsche Abtasttheorem* muss für die vollständige Frequenzerkennung eines periodischen Signals mit der Frequenz f_a eine Abtastrate $f_s > 2 \cdot f_a$ benutzt werden. Ein Abtastintervall von 10 s kann z. B. Perioden abbilden, die länger als 20 s betragen, und somit beide Anforderungen erfüllen: geringe Belastung bei der Datenübertragung und Abbildung von Perioden in der Größenordnung von Minuten.

Die Daten werden nach dem Einlesen mit einem Zeitstempel versehen und auf Änderung geprüft. Bestehen Änderungen in Bezug auf den letzten gespeicherten Werten, werden die neuen Daten anschließend in einer Datenbank gespeichert. Somit lässt sich auch die gespeicherte Datenmenge reduzieren, ohne Information zu verlieren.

6.1.2 Signalverarbeitung und Mustererkennung

Nachdem die Steuerungszustände der Werkzeugmaschine für eine vorkonfigurierte Mindestanzahl von Tagen überwacht wurden, können die drei diskreten Signale (d. h. Betriebsmodus, Kanalzustand und Wartezustand) weiterverarbeitet und nach periodischen Unterbrechungen der Maschinennutzung automatisch durchsucht werden.

Der erste Schritt zur Untersuchung der aufgezeichneten Zustände ist die Berechnung der relativen Häufigkeit von Unterbrechungen der Nutzung bei vordefinierten Zeitbereichen. Abbildung 6.3 zeigt die vier Verarbeitungsschritte dieser Prozedur, welche nachfolgend im Einzelnen beschrieben werden.

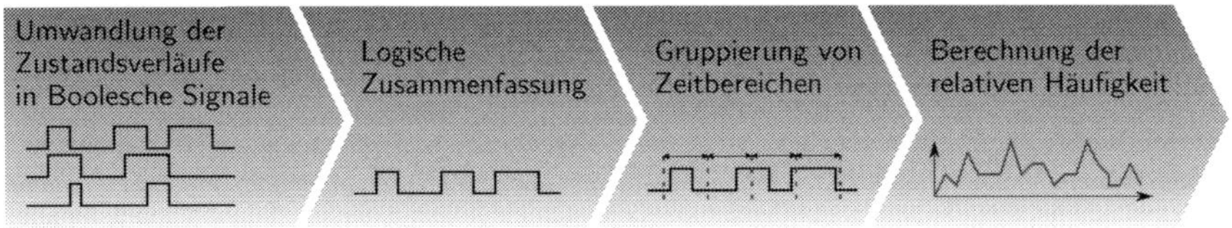

Abbildung 6.3: *Signalvearbeitungskette zur Berechnung der relativen Häufigkeit von Unterbrechungen der Nutzung.*

Umwandlung der Zustandsverläufe in Boolesche Signale: Zunächst müssen die drei Zustandsverläufe interpretiert und in binäre Signale konvertiert werden. Während Zustände, die Unterbrechungen der Nutzung entsprechen, mit Einsen versehen werden, werden allen übrigen

Zuständen Nullen zugeordnet. Beim Verlauf des Betriebsmodus werden die als undeutlich eingestuften Modi mit Einsen gekennzeichnet. Der Rest bleibt Null.

In Abbildung 6.4 wird der Verlauf des Kanalzustands innerhalb eines Werktages dargestellt. Die obere Grafik zeigt den ursprünglichen Signalverlauf. Manche Zustände werden innerhalb des dargestellten Zeitraumes nicht erreicht oder aufgrund der Abtastrate nicht erfasst (z. B. bei sehr schnellen Zustandswechseln). Dieses Verhalten stellt dennoch keine Einschränkungen bei der Analyse der Pausen dar, denn der einzige Zustand, der dem Maschinenbetrieb entspricht, ist die Ausführung eines Teileprogramms („läuft"), welche immer länger als die Abtastperiode dauern soll. Das sich ergebende Boolesche Signal ist in der unteren Grafik zu sehen.

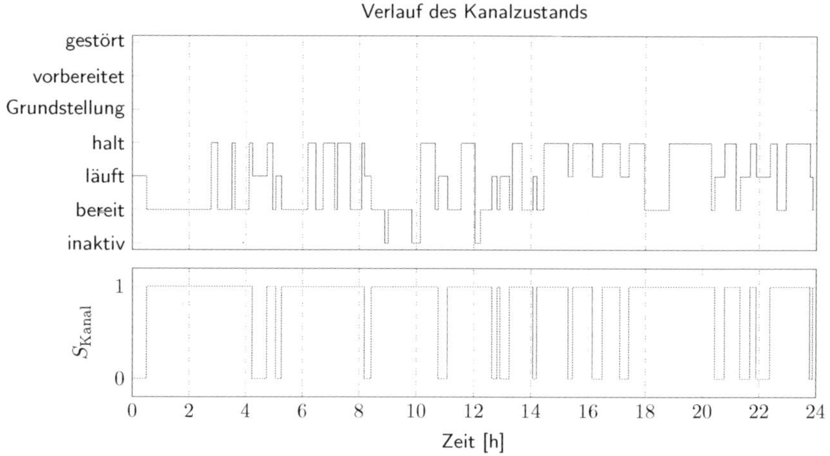

Abbildung 6.4: *Verlauf des Kanalzustands der NC-Steuerung einer Werkzeugmaschine innerhalb eines Werktages.*

Logische Zusammenfassung: Anschließend lassen sich die drei binären Signale in ein einziges Signal logisch zusammenfassen. Das resultierende Signal S_{Pause} wird aus dem Betriebsmodus (S_{Betrieb}), dem Kanalzustand (S_{Kanal}) und dem Wartezustand (S_{Warten}) berechnet. Dafür wird die folgende Gleichung verwendet:

$$S_{\text{Pause}} = S_{\text{Betrieb}} \wedge (S_{\text{Kanal}} \vee S_{\text{Warten}})\,. \tag{6.1}$$

Das heißt, eine Pause tritt ein, wenn der Betriebsmodus als „undeutlich" eingestuft ist und der Kanalzustand eine Pause andeutet oder die Steuerung auf einem Wartezustand ist.

Gruppierung von Zeitbereichen: Fertigungsanlagen stellen meistens zyklische Produktionsabläufe dar. Darüber hinaus wird die Arbeitszeit in Werktagen und Schichten aufgeteilt. Diese Perioden legen die Basis zur Durchsuchung von zyklischen Unterbrechungen der Maschinennutzung, die vor allem ablauf- und erholungsbedingt sind.

Um zeitliche Muster zu finden, werden zunächst die Zeitdomänen definiert. Obwohl Zeiträume wie Wochen und Monate auch periodische Unterbrechungen der Maschinennutzung aufweisen können, werden solche Unterbrechungen hauptsächlich nach Schichten und Werktagen zyklisch wiederholt. Außerdem würde eine statistisch signifikante Anzahl von Monaten einige Jahre Überwachung in Anspruch nehmen.

Wenn periodische Unterbrechungen in Zeitdomänen von Werktagen gesucht werden, muss das Signal S_{Pause} zunächst für den gesamten Zeitraum der Überwachung (ΔT_{Gesamt}) in Tagen ($\Delta T_{\text{Periode}} = 24 \cdot 3600\,\text{s}$) aufgeteilt werden. Sei i der Index eines überwachten Tages mit

$$0 \leq i \leq i_{\max} \mid i \in \mathbb{Z} \text{ und } i_{\max} = \Delta T_{\text{Gesamt}} : \Delta T_{\text{Periode}}$$

und $t_0(i)$ der Zeitpunkt zum Beginn des Tages i mit

$$t_0(i) = t_0 + i \cdot \Delta T_{\text{Periode}},$$

wobei t_0 dem Zeitpunkt zum Beginn des ersten Tages entspricht, können die täglichen Signale mit Hilfe der Gleichung 6.2 definiert werden.

$$S_i(n) = S_{\text{Pause}}(n) \; \forall \; n \in [t_0(i), t_0(i) + 1, \ldots, t_0(i) + \Delta T_{\text{Periode}} - 1] \qquad (6.2)$$

Anschließend werden nur die Signale behalten, welche einer vorbestimmten Gruppe von Tagen entsprechen. Eine mögliche Gruppe wäre z. B. Montags bis Freitags. Somit lassen sich freie Tage von Werktagen trennen und unterschiedliche Muster erkennen. Eine ähnliche Prozedur kann auf Basis von Schichten anstatt Tagen durchgeführt werden.

Berechnung der relativen Häufigkeit: Anhand der vorverarbeiteten Booleschen Signale kann letztendlich die relative Häufigkeit von Unterbrechungen der Maschinennutzung für die festgelegte Periode berechnet werden:

$$p_{\text{Periode}}(n) = \sum_{i=0}^{i_{\max}} \frac{S_i(n)}{i_{\max} + 1} \qquad (6.3)$$

Das Ergebnis der ersten Verarbeitungskette ist beispielsweise in Abbildung 6.5 zu sehen. In diesem Fall wurde der Einsatz einer Werkzeugmaschine im Dreischichtbetrieb für dreißig Tage überwacht. Die gestrichelte horizontale Linie stellt den Mittelwert des Signals dar. Anhand der berechneten Kurve kann man zu jedem Zeitpunkt eines Arbeitstages die relative Häufigkeit des Eintritts einer Pause entnehmen.

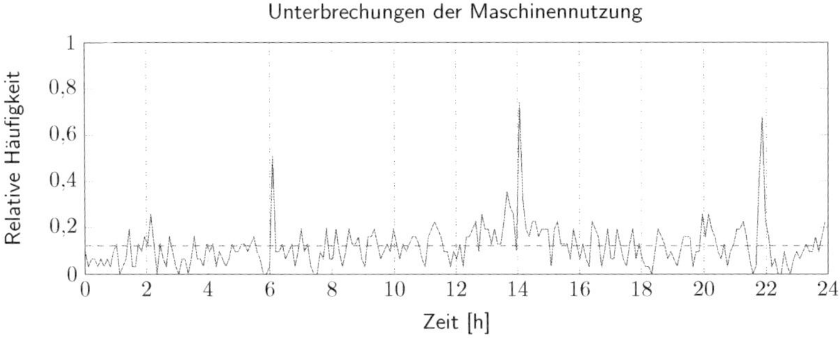

Abbildung 6.5: *Relative Häufigkeit von Unterbrechungen der Maschinennutzung (im Dreischichtbetrieb) innerhalb eines Werktages basiert auf dreißig Tagen.*

Die berechnete relative Häufigkeit von Unterbrechungen legt die Grundlage für die weitere Analyse der Signalverläufe. Das Ziel der nächsten Verarbeitungsschritte ist die Definition von Pausenzeiten, welche vom Energiemanagement benutzt werden können, um die Werkzeugmaschine in energiesparsamere Zustände zu versetzen. Die Abbildung 6.6 stellt die Verarbeitungsschritte zur Mustererkennung und Definition der Zeitintervalle dar:

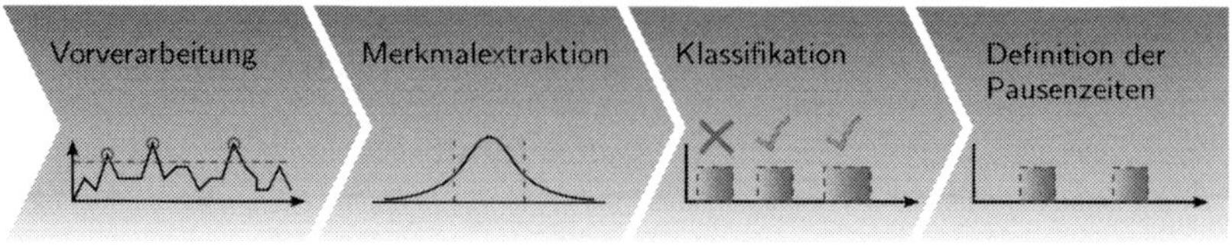

Abbildung 6.6: *Verarbeitungskette zur Mustererkennung und Definition der Zeitintervalle auf Basis der relativen Häufigkeit von Unterbrechungen.*

Vorverarbeitung: Der Zweck der Vorverarbeitung ist die Begrenzung von Zeitbereichen zur detaillierten Analyse von Unterbrechungen der Maschinennutzung. Im Prinzip gilt: je häufiger die Pausen zu einem bestimmen Zeitpunkt stattfinden, desto höher ist die Wahrscheinlichkeit, dass sie in der Zukunft unter ähnlichen Produktionsbedingungen wiederholt werden.

Um eine minimale erwartete Wahrscheinlichkeit festzulegen, wird die relative Häufigkeit P_{Sign} als oberer Schwellwert definiert (Abbildung 6.7, obere Graphik). Dieser Parameter bestimmt, wie oft ein beliebiger Zeitpunkt der beobachteten Periode als Pausenzeit eingestuft werden muss, damit seine Umgebung näher untersucht wird.

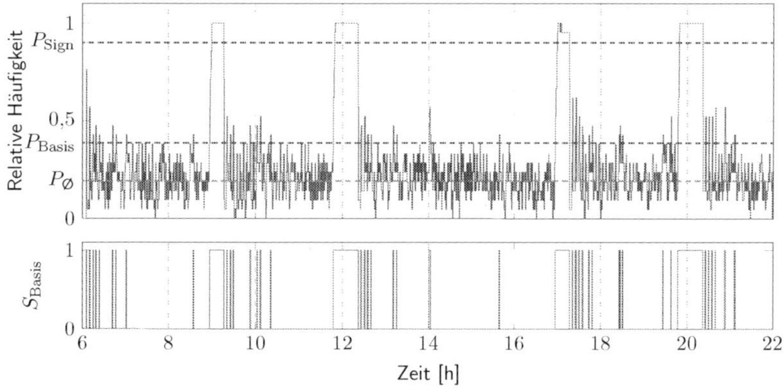

Abbildung 6.7: *Definition der Schwellwerte für den ersten Filter und die Festlegung von potenzialen Pausenzeiten.*

Der nächste Schritt ist die Festlegung der Grenzen des Zeitbereichs, in dem die zu untersuchenden Pausen liegen sollen. Dafür wird ein niedriger Schwellwert (P_{Basis}) verwendet, der kleiner als P_{Sign} sein muss und oberhalb des Signalrauschens liegen soll. Eine gute Schätzung für P_{Basis} ist das Zweifache der durchschnittlichen relativen Häufigkeit:

$$P_{\mathrm{Basis}} = 2 \cdot P_{\varnothing}. \tag{6.4}$$

Auf Basis dieses Schwellwerts wird die Funktion S_{Basis} berechnet:

$$S_{\mathrm{Basis}}(n) = \begin{cases} 1 & \text{für } p_{\mathrm{Periode}}(n) \geq P_{\mathrm{Basis}} \\ 0 & \text{für } p_{\mathrm{Periode}}(n) < P_{\mathrm{Basis}}. \end{cases}$$

Das Ergebnis wird in der unteren Graphik von Abbildung 6.7 dargestellt. Die Berge entsprechen potenziellen Pausenzeiten, welche jetzt mit Hilfe von P_{Sign} erneut aussortiert werden können. Zu diesem Zweck werden die Werte der relativen Häufigkeit innerhalb der potenziellen Zeitintervalle mit dem Parameter P_{Sign} verglichen. Liegt der maximale Wert des Intervalls unterhalb des Schwellwerts P_{Sign}, wird das Intervall aus der zu analysierenden Menge aussortiert.

Die Grenzen der verbleibenden Intervalle (Zeitpunkt vom Beginn bzw. Ende) werden letztendlich t_{b_j} bzw. t_{e_j} genannt, wobei j den Index des Intervalls bezeichnet (Abbildung 6.8).

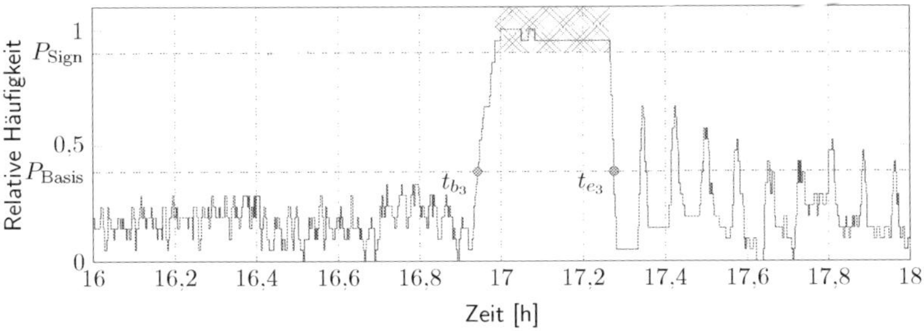

Abbildung 6.8: *Bestimmung des Zeitfensters $[t_{\text{b}_3}, t_{\text{e}_3}]$ zur weiteren Untersuchung von periodischen Unterbrechungen.*

Merkmalextraktion: Nachdem die täglichen relevanten Zeitfenster definiert wurden, werden die Signale der einzelnen überwachten Tage ($S_i(n)$, siehe Gleichung 6.2) wieder in Betracht gezogen. Das Ziel der Merkmalextraktion ist die Berechnung von wesentlichen Kennwerten, die sowohl die Klassifikation als auch die Definition von Pausen unterstützen werden.

Der erste berechnete Kennwert ist die sogenannte Fragmentierungsrate (ϕ_j). Dieser Wert bezeichnet den Prozentanteil von Proben eines Intervalls, in dem mehr als eine Pause beobachtet wurde. Die Fragmentierungsrate wird definiert als

$$\phi_j = \frac{N_{\text{Frag}}}{i_{\max} + 1}, \tag{6.5}$$

wobei N_{Frag} die Anzahl von Perioden (z. B. Tagen) ist, welche fragmentierte Pausen innerhalb von $[t_{\text{b}_j}, t_{\text{e}_j}]$ enthalten, $i_{\max} + 1$ der Stichprobengröße entspricht (siehe Gleichung 6.3) und j der Index des untersuchten Zeitfensters ist.

Das zweite relevante Merkmal bezieht sich auf die Zeitpunkte der Pausenenden innerhalb der vordefinierten Zeitfenster. Obwohl die Variation dieser Zeitpunkte keine Normalverteilung aufweist (die Verteilung wird von der Vorverarbeitung modifiziert), ist die normale Standardabweichung ein geeigneter Kennwert zur robusten Beschreibung der Invarianz dieser Größe.

Der Schätzwert für die Standardabweichung ($\widehat{\sigma}_{t_{\text{E}_j}}$) wird zwei Mal berechnet. Die erste Berechnung wird für die Anwendung eines Medianfilters verwendet. Bei diesem Filter werden alle Proben herausgefiltert, bei denen das Pausenende das Kriterium

$$t_{\text{E}_{i,j}} \geq \widetilde{t}_{\text{E}_j} - 2 \cdot \widehat{\sigma}_{t_{\text{E}_j}} \tag{6.6}$$

nicht erfüllt, wobei i der Index der Probe (z. B. Tag) und j des Zeitfensters ist.

Nachdem die Ausreißer eliminiert wurden, kann die Standardabweichung erneut berechnet und als robustes Merkmal weiterverwendet werden.

Klassifikation: Das Ziel der Klassifikation von Zeitfenstern ist die Unterscheidung von Intervallen, die für das Energiemanagement geeignet oder ungeeignet sind.

Die Fragmentierungsrate dient als Schätzwert für die Wahrscheinlichkeit von Störungen während der Ausführung des Energiemanagements. Wenn eine Pause innerhalb der überwachten

Zeitfenster unterbrochen wird, muss die Werkzeugmaschine früher als erwartet in die Fertigungsbereitschaft versetzt werden. Neben dem Verfügbarkeitsverlust kann die Verletzung der Break-Even-Zeit noch energetische Kosten verursachen. Aus diesem Grund werden nur periodische Zeitfenster (zeitliche Muster) als geeignet klassifiziert, die eine Fragmentierungsrate bis zu einer maximalen Grenze aufweisen. Diese Grenze lässt sich aus dem Komplement von P_{Sign} ableiten, da dieser Parameter bereits der Risikobereitschaft des Maschinenbetreibers entspricht:

$$\phi_j \leq 1 - P_{\text{Sign}} \tag{6.7}$$

Definition der Pausenzeiten: Die Definition der Zeitpunkte zum Beginn und Ende der Pause basiert auf der Menge der Stichprobe, die nach der Filterung der Merkmalextraktion (Gleichung 6.6) verblieben ist.

Aufgrund des starken Einflusses des Pausenendes auf der Verfügbarkeit der Maschine, wird für ihre Festlegung zunächst der früheste Zeitpunkt aller Proben (z. B. Tage) ausgewählt. Dieser Wert wird anschließend von einem Faktor der Standardabweichung ergänzt, so dass hier in Entsprechung zur Gleichung 5.9 der sogenannte Progressivitätsgrad (k_P) eine zusätzliche Möglichkeit zur Anpassung des Zeitpunkts darstellt:

$$t_{\mathrm{E}_j} = \min\left(t_{\mathrm{E}_{i,j}}\right) + k_P \cdot \widehat{\sigma}_{t_{\mathrm{E}_j}}, \tag{6.8}$$

wobei $i \in [0, \ldots, i_{\max}]$ und $i_{\max}$ der maximale Indexwert der Proben ist.

Die Bestimmung des Beginns der Pausenzeit ist weniger kritisch als die Festlegung des Pausenendes, denn die tatsächliche Unterbrechung der Maschinennutzung kann zur Laufzeit von der Maschinensteuerung geprüft werden. Hierfür wird ausgehend vom Zeitpunkt t_{E_j} das nächste früheste Pausenende nach links gesucht und sein Zeitpunkt als t_{B_j} gekennzeichnet.

Abbildung 6.9 zeigt die Position der Zeitpunkte zum Beginn und Ende der Pause an der Kurve der relativen Häufigkeit.

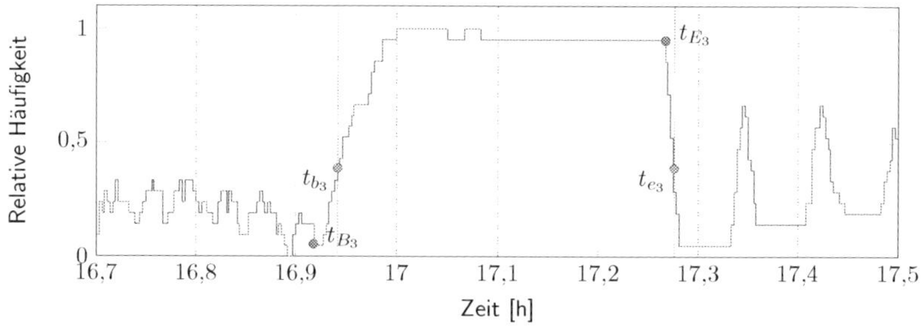

Abbildung 6.9: *Beispiel der Definition des Zeitfensters $[t_{\mathrm{B}_j}, t_{\mathrm{E}_j}]$ zur Terminierung von Pausenzeiten.*

Anhand einer Menge von vordefinierten Zeitfenstern wird der letzte Filter angewendet. Dadurch, dass eine Energieeinsparung erst ab einer minimalen Pausendauer (Break-Even-Zeit, siehe Gleichung 5.6) möglich ist, werden alle Zeitfenster aussortiert, die die Bedingung $t_{\mathrm{E}_j} - t_{\mathrm{B}_j} > \Delta T_{\text{Break-Even}}$ nicht erfüllen.

Die komplette Signalverarbeitungskette kann mit weiteren Gruppen von Tagen (Gruppierung von Zeitbereichen) neu durchgeführt werden, um verschiedene Muster zu durchsuchen. Eine mögliche Konstellation von Gruppen wäre z. B. nur Montags, dann Dienstags, Mittwochs, Donnerstags und Freitags. Zusätzliche Gruppen von Tagen wären Werktags und jeden Tag. Mit diesen neuen verschiedenen Gruppierungen von Zeitbereichen lassen sich beliebige wöchentliche Wiederholungen von Ereignissen abbilden.

6.2 Terminierung von Pausen des Betriebsmittels

Nachdem die überwachten Produktionsverläufe analysiert und die systematischen Unterbrechungen der Maschinennutzung vorausgesehen wurden, ist es wichtig, dass die Werkzeugmaschine ihr Verhalten an die zukünftigen Produktionsverläufe anpasst. Um das zu realisieren, müssen die vorhergesehenen Pausen der Maschinennutzung zunächst vom Maschinenbediener angenommen und in der Maschinensteuerung terminiert werden.

Die Terminierung erfolgt mit Hilfe eines Rekursionsschemas. Aufgrund des beschriebenen Verfahrens zur Mustererkennung können systematische Pausen erkannt werden, die zum Teil redundant sind oder manchmal sogar zusammengefasst werden können. Eine Pause, welche z. B. jeden Werktag um 11 Uhr stattfindet, wird auch bei der Gruppe „Montags" gefunden und ist daher redundant.

Wenn neue zeitliche Muster von Unterbrechungen erkannt werden, werden sie mit Hilfe einer GUI (HMI der Maschinensteuerung) an den Maschinenbediener in Form von Vorschlägen vermittelt (z. B. eine rekursive Pause, die montags zwischen 10:00 und 10:20 Uhr stattfindet). Somit kann der Maschinenbediener mit der Steuerung interagieren und die Terminvorschläge anpassen, annehmen oder ablehnen. Werden die Pausen durch den Menschen angenommen, kann die Steuerung die vorhergesehenen Pausen der Maschinennutzung zur späteren Ausführung des Energiemanagements speichern.

Das automatische Vorschlagen von Terminen für das Energiemanagement ist ein wichtiger und kritischer Bestandteil der Selbstoptimierung auf der Prozessleitebene. Die unmittelbare Interaktion mit dem Menschen hat einen starken Einfluss auf die Akzeptanz des Optimierungssystems im Produktionsbetrieb und muss somit benutzerfreundlich, einfach und plausibel sein. Hierzu kann eine Protokollierung von Entscheidungen des Maschinenbedieners nützliche Informationen liefern, um zukünftige Vorschläge zu verbessern.

6.3 Ausführung des Energiemanagements

Die Ausführung des Energiemanagements auf der Prozessleitebene basiert auf den sogenannten Energiemodi der Werkzeugmaschine. Wie in Kapitel 2.4.5 beschrieben, ermöglichen Anwendungsprofile für das Energiemanagement in Fertigungsanlagen, wie *PROFIenergy* und *sercos Energy*, vernetzte Geräte in energiesparende Zustände zu versetzen. Wird z. B. das Anwendungsprofil von *sercos Energy* auf der Maschinenebene implementiert, werden verschiedene Maschinenkomponenten bzw. -versorger (Stromverbraucher) pro Energiemodus zu- und abgeschaltet. In Abbildung 6.10 wird beispielsweise eine Zustandsmaschine für das Energiemanagement einer Werkzeugmaschine mit zwei Stand-by-Modi dargestellt.

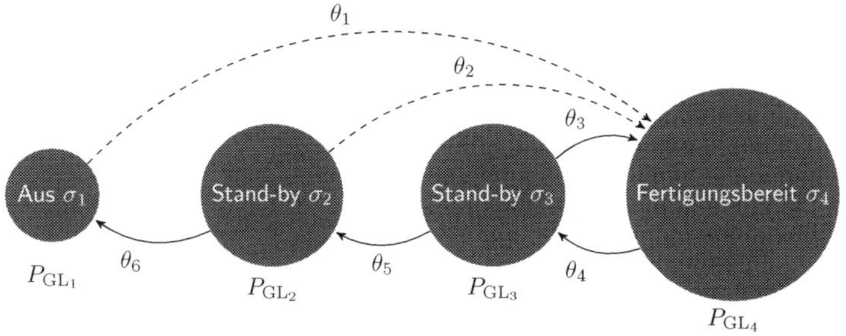

Abbildung 6.10: *Beispiel einer Zustandsmaschine von* sercos Energy *für das Energiemanagement einer Werkzeugmaschine mit zwei Stand-by-Modi.*

Diese Zustandsmaschine entspricht zum Teil der vereinfachten funktionalen Zustandsmaschine, welche in Kapitel 5.1.2 charakterisiert wurde. Auf der einen Seite weisen höhere Zustände größere Grundlasten auf ($P_{\mathrm{GL}_j} > P_{\mathrm{GL}_{j-1}}$). Auf der anderen Seite ist es jedoch möglich, die Maschine direkt von einem niedrigen Energiemodus auf den höchsten Zustand (Fertigungsbereitschaft) zu versetzen. Solche Transitionen (in Abbildung θ_1 und θ_2) sind dennoch nur logisch bereitgestellt, denn in der Tat werden dieselben Maschinenkomponenten bzw. -versorger zugeschaltet, wie bei den einzelnen Zwischenzuständen.

Für die Ansteuerung der Zustandsmaschine werden die vorhergesehenen Unterbrechungen der Maschinennutzung in Betracht gezogen, welche durch den Menschen bereits angenommen wurden. Der Vorgang zum Wechseln des Energiemodus einer Maschine wird in Abbildung 6.11 dargestellt.

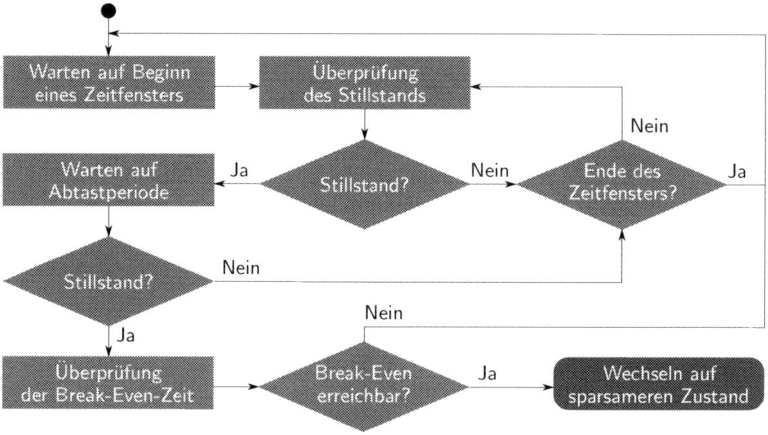

Abbildung 6.11: *Flussdiagramm mit vereinfachter Darstellung des Vorgangs zum Wechseln des Energiemodus.*

Zum Beginn einer vorhergesehenen Pause werden die Steuerungszustände auf einen Stillstand der Werkzeugmaschine (siehe Gleichung 6.1) kontinuierlich überprüft. Hierzu werden nicht nur die bereits überwachten Steuerungszustände überprüft, sondern auch aus Sicherheitsgründen, ob die Türen der Maschine geschlossen sind. Zwei Kombinationen von Zuständen können auf einen sicheren Stillstand der Maschine hindeuten:

- Der Betriebsmodus steht auf Automatik oder MDI,
- der Kanalzustand ist nicht auf „Programm läuft“ und
- die Türen sind geschlossen.

Die zweite Möglichkeit ist ein Stillstand auf Handbetrieb:

- Der Betriebsmodus steht auf Handbetrieb (Jogging),
- es gibt keine Achsbewegung und
- die Türen sind geschlossen.

Tritt also eine Pause innerhalb des erwarteten Zeitfensters ein, beginnt die Steuerung mit den nächsten Schritten des Vorgangs. Es ist wichtig, dass der Stillstand zuerst auf Kontinuität geprüft wird. Dafür muss die Steuerung mindestens eine Zeit warten, die so lang ist wie die zur Überwachung benutzte Abtastperiode. Diese zusätzliche Wartezeit sorgt dafür, dass eventuelle unbemerkte Unterbrechungen der Pause, während der Überwachungszeit, bei der Ausführung des Energiemanagements in Echtzeit überbrückt werden.

Wenn ein beliebiger Energiemodus ausgewählt wird, dauert es eine bestimmte Zeit, bis die Maschine den neuen Zustand erreicht. Darüber hinaus verbraucht die Maschine während dieser Transition eine gewisse Energie. Um sicher zu stellen, dass der Zustandswechsel energetisch günstig ist, muss die

Pause eine Mindestlänge haben (Break-Even-Zeit, siehe Gleichung 5.6). Je länger die vorhergesehene Pause ist, desto sparsamer ist der erreichbare Zustand (siehe z. B. Abbildung 6.10).

Nachdem die Maschine in einen sparsameren Energiemodus versetzt wurde, ist das Ende der Pause das nächste kritische Ereignis. Damit kein Verfügbarkeitsverlust nach der Pause entsteht, muss die Werkzeugmaschine zurück auf Fertigungsbereitschaft gebracht werden, bevor die Pause zu Ende ist. Das Pausenende ist daher ein der Vorhersage entsprechend festgelegter Zeitpunkt. Hierzu wird die Dauer der Transition in Betracht gezogen und der Zustand der Werkzeugmaschine im Voraus gewechselt, so dass die Maschine zum vorhergesehenen Zeitpunkt wieder fertigungsbereit ist.

6.4 Einsatz des Optimierungssystems

Das Optimierungssystem wird grundsätzlich auf zwei informationstechnischen Ebenen eingesetzt. Auf der Maschinenebene (Maschinensteuerung) werden sowohl die Steuerungszustände überwacht als auch die Energiemodi der Werkzeugmaschine angesteuert. Auf der oberen Ebene (Maschinen-übergreifend) werden die aufgezeichneten Maschinendaten analysiert und die abgeleiteten Aktionen letztendlich durch den Menschen bewertet. Im Folgenden werden zunächst die Struktur und der Aufbau des Optimierungssystems beschrieben. Anschließend werden die Schritte des Selbstoptimierungskreislaufes bei der Selbstoptimierung des Energieverbrauchs auf der Prozessleitebene abgebildet.

6.4.1 Struktur und Aufbau des Optimierungssystems

In Abbildung 6.12 werden die einzelnen Vorgänge der Überwachung, Analyse, Prognose und Ausführung des Energiemanagements in Form eines Kreislaufes gezeigt. Um einen Bezug zwischen dem Optimierungssystem und den Unternehmens- und Betriebsleitebenen herzustellen, wurden einige Schritte des Optimierungssystems gemäß der Norm ANSI/ISA-95 [Nor05a] in Produktions- und Inventar-Aktivitäten eingruppiert.

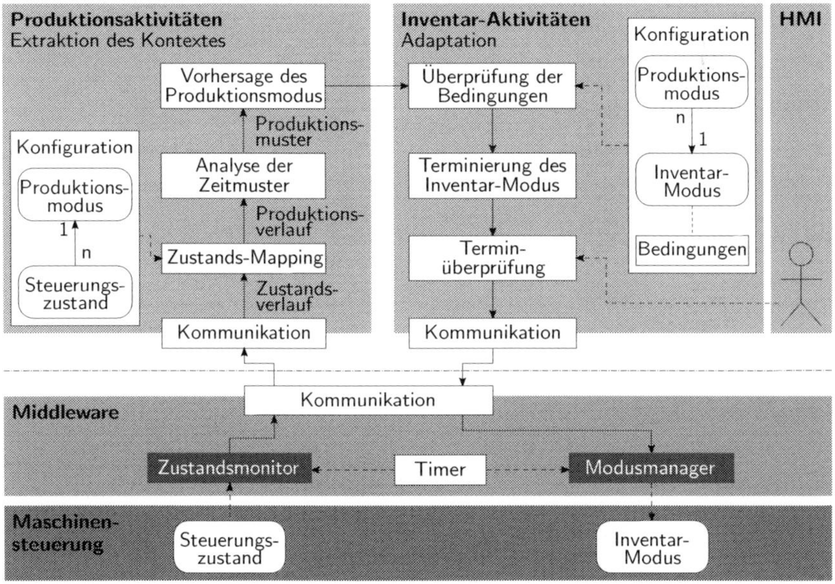

Abbildung 6.12: *Aufbau des Optimierungssystems in Bezug auf die Norm ANSI/ISA-95 [Nor05a].*

Zustandsmonitor: Der Zustandsmonitor ist eine Software-Instanz mit einer OPC-basierten[2] Verbindung zu den Steuerungen der überwachten Werkzeugmaschinen. Er verfügt über eine relationale Datenbank zur Speicherung der ausgelesenen Steuerungszustände über lange Zeitperioden. Obwohl dem Zustandsmonitor eine feste Abtastperiode in der Größenordnung von 10 s zugewiesen wird, werden die überwachten Größen nur gespeichert, wenn sie eine Änderung im Vergleich zu den unmittelbaren vorherigen Werten aufweisen.

Für den externen Zugriff auf die Datenbank wird eine ebenso auf OPC-basierte Kommunikationsschnittstelle zur Verfügung gestellt. Hierzu arbeitet die Middleware als Server für die weiteren Software-Komponenten.

Produktionsaktivitäten: Unter Produktionsaktivitäten werden verschiedene Vorgänge zur Extraktion des Maschinenkontextes zusammengestellt. Für diese Aufgabe wurde eine Software entwickelt, welche mit dem Zustandsmonitor verschiedener Werkzeugmaschinen kommunizieren kann. Die Software analysiert die in der Datenbank gespeicherten Maschinenzustände und prognostiziert das zukünftige Nutzungsprofil der überwachten Werkzeugmaschinen [BBS+11]).

Das System zur Extraktion des Maschinenkontextes kommuniziert über OPC UA mit dem Zustandsmonitor in einer regelmäßigen Periode und greift auf den von der Middleware gespeicherten Zustandsverlauf der Werkzeugmaschine zu. Mit Hilfe einer steuerungsspezifischen Konfiguration werden die verschiedenen überwachten Steuerungszustände zu den entsprechenden Produktionsmodi zugeordnet (Zustands-Mapping). Auf dieser Weise lassen sich z. B. Stillstandszeiten von der Haupt- und Nebenzeit der Maschine unterscheiden.

Der nächste Schritt ist die Analyse des resultierenden Produktionsverlaufs. Hierbei werden Zeitmuster in vordefinierten Zeitintervallen gesucht. Wie in Kapitel 6.1 beschrieben, wird der Verlauf von Unterbrechungen der Maschinennutzung in Tagen aufgeteilt und gruppiert. Von montags bis freitags werden fünf Gruppen von Tagen definiert. Zusammen mit einer Gruppe für Werktage und einer für jeden Tag werden insgesamt neun Mengen von Tagen erzeugt und analysiert (s. Abbildung 6.13(b)). Eventuell lässt sich auch das Wochenende als eigene Gruppe bilden.

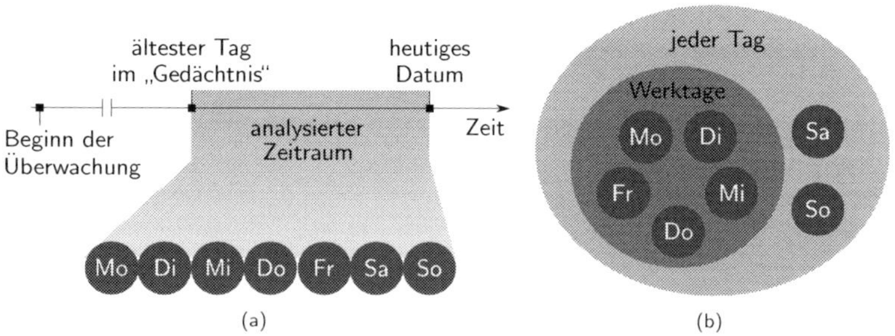

Abbildung 6.13: *Definition des Zeitraums (a) und Gruppierung von Tagen (b) zur Analyse von Zeitmustern.*

[2] OPC (*OLE for Process Control*) ist ein allgemein akzeptierter Standard, der den Austausch von Daten zwischen verschiedenen Automatisierungssystemen in der Fertigungs- und Prozessindustrie ermöglicht. Die Spezifikation von *OPC Data Access* wurde bereits 1996 definiert und wird von der gemeinnützigen *OPC Foundation* gepflegt. Dieser Standard basiert auf der proprietären DCOM-Technologie und weist einen Client/Server-Ansatz für den Informationsaustausch auf. Ein OPC-Server kapselt die Informationsquelle ein und stellt die Information über seine Schnittstelle zur Verfügung. Ein OPC-Client stellt eine Verbindung mit dem OPC-Server her und kann auf die verfügbaren Daten zugreifen. Aufgrund der Einschränkungen, die die Nutzung der DCOM-Technologie darstellt, wurde die Spezifikation von OPC UA (*OPC Unified Architecture*) initiiert, welche eine betriebssystemunabhängige, sichere, skalierbare, zuverlässige und performante Kommunikation zwischen verschiedenen Automatisierungssystemen erlaubt. [MLD09]

In Abhängigkeit vom analysierten Zeitraum werden je nach Gruppierung unterschiedliche Stichprobenumfänge verarbeitet. Eine Gruppe mit Montags weist z. B. für den gleichen Zeitraum weniger Proben als eine Gruppe mit Werktags auf. Aus diesem Grund wird pro Gruppe ein minimales Zeitintervall definiert. Darüber hinaus ist es wichtig, dass der zu analysierende Zeitraum begrenzt wird (maximales Zeitintervall). Dieser Parameter bestimmt, wie weit zurück das Gedächtnis des Optimierungssystems reichen soll, denn die Fähigkeit, unverarbeitete Daten zu vergessen, dient auch als Filterfunktion (s. Abbildung 6.13(a)).

Aufgrund der zeitlichen Aufteilung des Produktionsverlaufs wird die Analyse des Zeitmusters ein Mal pro Tag durchgeführt. Letztendlich wird das resultierende Produktionsmuster benutzt, um den Verlauf der zukünftigen Produktionsmodi vorherzusagen.

Inventar-Aktivitäten: Der erste Verarbeitungsschritt im Rahmen der Inventar-Aktivitäten ist die Überprüfung der zeitlichen und energetischen Bedingungen. Für diese Aufgabe werden Konfigurationsdaten benutzt, die sowohl eine Zuordnung zwischen Produktionsmodus (z. B. Stillstand) und Invertar-Modus (z. B. Stand-by-Modus) aufweisen als auch die dazugehörigen zeitlichen und energetischen Werte beinhalten. Je länger die vorhergesehene Unterbrechung der Maschinennutzung (Produktionsmodus) ist, desto niedriger darf der Energiemodus der Werkzeugmaschine (Invertar-Modus) sein und somit ist auch die Energieeinsparung höher.

Nach der Überprüfung der Randbedingungen werden die zeitlichen Muster umgruppiert, so dass Redundanzen eliminiert werden und komplementäre Muster nach einem standardisierten Rekursionsschema zusammengefasst werden (s. Kapitel 6.2). Das Rekursionsschema basiert auf dem Standard *iCalendar* [Des09] und wird in diesem Format zur späteren Verwendung gespeichert.

Wenn der Vorschlag zur Terminierung des Invertar-Modus fertig ist, wird er zur Terminüberprüfung an den Maschinenbediener übermittelt. Abbildung 6.14 zeigt die entsprechende graphische Benutzerschnittstelle. Anhand der HMI wird dem Maschinenbediener ermöglicht, einen Terminvorschlag für das Energiemanagement anzupassen, zu akzeptieren oder abzulehnen. In dem mit (A) markierten Bereich werden sowohl die Beginn- und Endzeit des Termins definiert als auch das Anfangsdatum und der vorgeschlagene Energiemodus festgelegt. Je nach Zeitmuster wird in dem mit (B) markierten Bereich ein wöchentliches bzw. tägliches Rekursionsschema angezeigt. Letztendlich kann der Benutzer in dem mit (C) markierten Bereich den Vorschlag akzeptieren oder ablehnen.

Wird der Termin (auch nach einer Anpassung) durch den Menschen akzeptiert, leitet das Kommunikationsmodul die vorbereiteten iCalendar-Daten über OPC UA an den entsprechenden Modusmanager weiter.

Modusmanager: Der Modusmanager ist die Software-Komponente, welche für die Anpassung der Inventar-Modi zuständig ist. Er übernimmt die validierten zyklischen Termine und fügt sie in den Inventar-Kalender der entsprechenden Maschine ein. Von jetzt an wird die Maschinensteuerung zu den einzelnen terminierten Zeitpunkten über die vorhergesehenen Pausen und Energiemodi benachrichtigt.

Maschinensteuerung: Wenn die Werkzeugmaschine bereits über *PROFIenergy* oder *sercos Energy* Schnittstellen verfügt (s. Kapitel 2.4), kann die Steuerung die vorhandene Infrastruktur verwenden, um die Maschine auf den von Modusmanager vordefinierten Energiemodi zu versetzen oder die Meldung einer Pause anzunehmen.

Bei Werkzeugmaschinen, die über keine Standardschnittstelle für das Energiemanagement verfügen, finden einfache Zustandsmaschinen Anwendung, welche in der SPS implementiert werden können. In diesem Fall kann der Modusmanager den Soll-Energiemodus der Maschine über OPC in eine vordefinierte SPS-Datenstruktur schreiben. Ein SPS-Programm sorgt dann dafür,

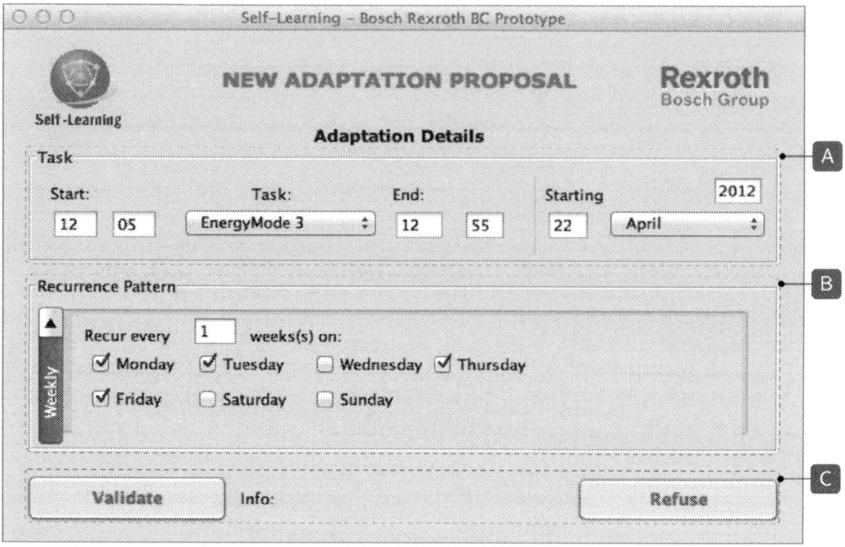

Abbildung 6.14: *Graphische Benutzerschnittstelle zur Meldung von Vorschlägen zur Terminierung von zyklischen Unterbrechungen der Maschinennutzung. Quelle: Self-Learning Production Systems (EU-Projekt, 7th Framework Programme).*

dass der Soll-Energiemodus durch das Ab- bzw. Zuschalten von Maschinenkomponenten erreicht wird. Zu beachten sind hier auch die Sicherheitsaspekte, die in Kapitel 6.3 beschrieben wurden.

6.4.2 Abbildung des Selbstoptimierungskreislaufes

Bei einem selbstoptimierenden System werden drei Aktionen kontinuierlich wiederholt, die den sogenannten Selbstoptimierungskreislauf bilden (siehe Kapitel 2.5). Die in diesem Kapitel beschriebenen Prozeduren zur Selbstoptimierung des Energieverbrauchs auf der Prozessleitebene lassen sich also auf diese drei Aktionen abbilden (Abbildung 6.15).

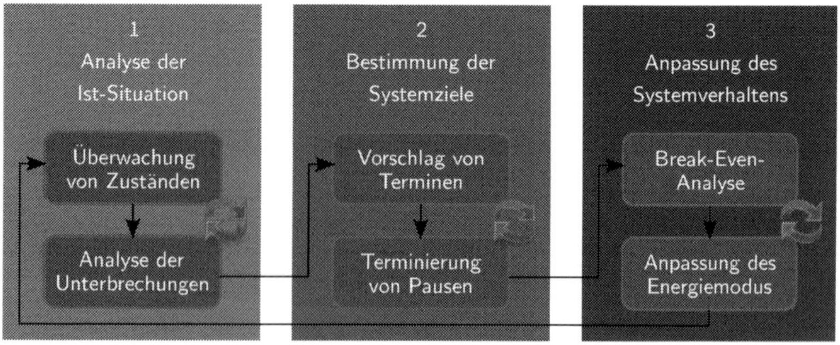

Abbildung 6.15: *Abbildung der Selbstoptimierung des Energieverbrauchs auf der Prozessleitebene auf den allgemeinen Selbstoptimierungskreislauf.*

Im Folgenden werden die drei Aktionen zur Selbstoptimierung des Energieverbrauchs auf der Prozessleitebene zusammengefasst:

1. **Analyse der Ist-Situation:** Die erste Aktion des Selbstoptimierungssystems ist die Überwachung von Steuerungszuständen der Werkzeugmaschine. Die Analyse von Unterbrechungen der Maschinennutzung erfolgt anschließend. Aus dieser Analyse ergeben sich zyklische potenzielle Zeitintervalle zur Optimierung des Energieverbrauchs. Die Analyse der Ist-Situation wiederholt sich periodisch mindestens ein Mal pro Tag.

2. **Bestimmung der Systemziele:** Die Bestimmung der Systemziele besteht aus der Terminierung von Pausen zum Versetzen der Werkzeugmaschinen in einen bestimmten Energiemodus. Dafür werden zuerst Termine zum Energiemanagement vorgeschlagen, die durch den Menschen angenommen bzw. abgelehnt werden. Diese Aktion wird je nach Ist-Situation des Maschinenkontextes getriggert und kann über mehrere Iterationen durchgeführt werden.

3. **Anpassung des Systemverhaltens:** Die Anpassung des Systemverhaltens erfolgt in Echtzeit auf der Maschinensteuerung. Nach der Meldung einer vorhergesehenen Pause, die als Systemziel bestimmt wurde, werden die zeitlichen und energetischen Bedingungen (z. B. Break-Even-Zeit) analysiert. Falls der vorgeschlagene Energiemodus als momentan ungeeignet bewertet wird, bestimmt die Maschinensteuerung einen neuen Soll-Energiemodus. Anschließend wird die Werkzeugmaschine durch das Ab- bzw. Zuschalten von einzelnen Maschinenkomponenten in den entsprechenden Energiemodus versetzt.

6.5 Systembewertung

Für die Bewertung der Selbstoptimierung des Energieverbrauchs auf der Prozessleitebene wurden zwei Anwendungsfälle untersucht: eine vollautomatisierte Produktionsanlage mit zwei Drehmaschinen in einer Großserienfertigung und eine manuell bediente Drehmaschine in einer Kleinserienfertigung.

6.5.1 Drehmaschinen in einer Großserienfertigung

Bei diesem Anwendungsfall handelt es sich um eine Fertigungszelle bei der Firma Bosch Rexroth AG, die aus drei automatischen Maschinen besteht: einer Schweißmaschine und zwei Drehmaschinen vom Typ CTV 200 (s. Anhang A.4). Die Maschinen sind mit Hilfe von Förderbändern und Handhabungseinrichtungen miteinander integriert und für eine Großserienfertigung konfiguriert. Die Be- und Entladung der Drehmaschinen erfolgt vollautomatisch. Die Fertigungszelle arbeitet im Dreischichtbetrieb von montags bis samstags, wobei samstags nur in einer bis zwei Schichten gearbeitet wird. In der Regel werden freitags auch Instandhaltungsaufgaben an den Werkzeugmaschinen der Zelle durchgeführt.

Die Steuerungszustände der beiden Drehmaschinen wurden von einem vernetzten Server über drei Monate automatisch erfasst. Bei der Analyse der Signalverläufe wurden verschiedene Gruppierungen von Zeitbereichen getestet. Die Ergebnisse zeigten, dass die relative Häufigkeit von Unterbrechungen der Maschinennutzung einen Wert von maximal 74 Prozent um den Schichtwechsel erreicht. Die komplette Kurve wurde in Abbildung 6.5 dargestellt und deutet darauf hin, dass diese Werkzeugmaschine gut ausgelastet ist. Obwohl die beiden Drehmaschinen baugleich sind und parallel arbeiten, ist die zweite Maschine noch stärker ausgelastet, denn bei dieser Drehmaschine wird eine relative Häufigkeit von Pausen von maximal 55 Prozent erreicht.

Allein der Parameter für die minimale erwartete Häufigkeit (P_{Sign}) würde normalerweise der automatischen Datenanalyse genügen, um zu signalisieren, dass keine regelmäßige Pause für die Drehmaschinen terminiert werden kann. Dennoch hat man diesen Parameter auf einen niedrigeren Wert

($P_{\text{Sign}} = 0,6$) eingestellt, um weitere Merkmale zu berechnen. Somit wurden zwei Zeitfenster gefunden, die potenzielle Pausenzeiten aufweisen. Abbildung 6.16 zeigt Ausschnitte aus der Kurve der relativen Häufigkeit mit den ausgewählten Zeitfenstern. An den Schwankungen der Kurve kann bemerkt werden, dass die Pausen innerhalb der Zeitfenster stark fragmentiert sind.

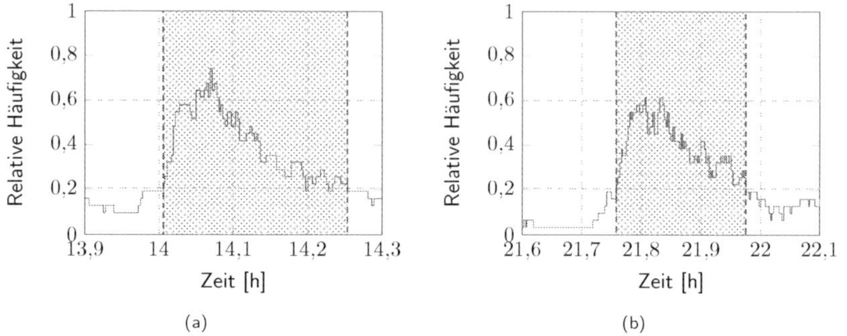

Abbildung 6.16: *Relative Häufigkeit von Unterbrechungen der Maschinennutzung während des Schichtwechsels um 14 Uhr (a) und um 22 Uhr (b).*

Das Ergebnis der Merkmalextraktion und die berechneten Pausenzeiten sind in Tabelle 6.2 dargestellt. Obwohl Pausenzeiten von über vier Minuten definiert werden können, werden die ausgewählten Intervalle nicht als Termin vorgeschlagen, da die Fragmentierungsrate (ϕ_j) beider Zeitfenster über 40 Prozent ($1 - P_{\text{Sign}} = 0,4$) betragen. Auch die Standardabweichung ($\widehat{\sigma}_{t_{\text{E}_j}}$) beläuft sich trotz des Medianfilters immer noch auf 33 bzw. 37s.

Tabelle 6.2: *Ergebnis der automatischen Analyse von Unterbrechungen der Nutzung einer Drehmaschine im Dreischichtbetrieb ($P_{\text{Sign}} = 0.6$).*

Rekursion	**Beginn**	**Ende**	**Dauer**	$\widehat{\sigma}_{t_{\text{E}_j}}$	ϕ_j
Mo, Di, Mi, Do	14:00:30	14:04:50	00:04:20	33s	65%
Mo, Di, Mi, Do	21:45:40	21:50:10	00:04:30	37s	52%

In diesem Anwendungsfall haben die Ergebnisse der automatischen Analyse von Produktionsverläufen gezeigt, dass beide überwachten Werkzeugmaschinen stark ausgelastet sind und keine signifikanten periodischen Unterbrechungen der Nutzung aufweisen. Trotz einer eventuellen höheren Risikobereitschaft ($P_{\text{Sign}} = 0,6$), vermeidet der implementierte Algorithmus, dass stark fragmentierte Pausenzeiten, die hohe Verfügbarkeitsverluste verursachen können, an den Maschinenbediener vorgeschlagen werden.

6.5.2 Drehmaschine in einer Kleinserienfertigung

Der zweite getestete Anwendungsfall war der Betrieb einer Drehmaschine CTX 400 (s. Anhang A.3) in einer Kleinserienfertigung bei der Firma Bosch Rexroth AG. Diese Werkzeugmaschine wird von Maschinenbedienern in Zweischichtbetrieb manuell be- und entladen, gestartet, überwacht und instand gehalten.

Aufgrund des hohen technischen und organisatorischen Aufwands, der mit der automatischen Datenerfassung dieser Werkzeugmaschine verbunden wäre, hat man sich für eine manuelle Datenerfassung entschieden, die als Basis für eine Simulation dient. Die Simulation ermöglicht die Generierung von

Daten über mehrere Monate hinaus und versetzt das Selbstoptimierungssystem in die Lage den Regelkreis zu schließen, ohne Störungen im realen Betrieb hervorzurufen. Die Daten und Verteilungen der Monte-Carlo-Simulation sind in Anhang C beschrieben. Neben der Maschinensteuerung, die sowohl für die Bearbeitung des Werkstücks als auch für die Ausführung des Energiemanagements zuständig ist, wurde das Verhalten des Maschinenbedieners und des Monitoringsystems simuliert.

Tabelle 6.3 zeigt die erkannte und vorgeschlagene Pausenzeiten nach nur einer Woche Datenerfassung (Simulation). Zu sehen sind Zeitintervalle, die den Arbeitspausen der Maschinenbediener (45 Minuten pro Schicht) zugeordnet werden können. Allerdings passen die Unterbrechungen der Maschinennutzung mit den Arbeitspausen nicht genau zusammen. Die Pausen der Werkzeugmaschine sind um ein paar Minuten verschoben, da das Ende einer Bearbeitung nur selten mit dem Beginn einer Arbeitspause synchron ist und die Bearbeitung des nächsten Werkstücks nicht immer unmittelbar nach dem Ende einer Arbeitspause beginnt.

Die Variation der Pausenenden ist bei diesem Anwendungsfall jedoch so gering, dass eine Verlängerung des Zeitpunkts mit Hilfe des Progressivitätsgrads k_P nur ein kleines zusätzliches Einsparpotenzial darstellt. Darüber hinaus spielen Verspätungen auf der Maschinenebene eine wesentliche Rolle bei der Akzeptanz des Selbstoptimierungssystems. Je größer der Progressivitätsgrad ist, desto wahrscheinlicher sind die Verspätungen und die entsprechenden Verfügbarkeitsverluste. Aus diesen Gründen wurde für die Definition der Pausenzeiten der Progressivitätsgrad k_P auf Null gesetzt.

Tabelle 6.3: *Ergebnis der automatischen Analyse von Unterbrechungen der Nutzung einer Drehmaschine* ($P_{\mathrm{Sign}} = 0.9$).

Rekursion	Beginn	Ende	Dauer	$\widehat{\sigma}_{t_{\mathrm{E}_j}}$	ϕ_j
Mo, Di, Mi, Do, Fr	08:56:20	09:16:00	00:19:40	3s	0%
Mo, Di, Mi, Do, Fr	11:47:00	12:21:10	00:34:10	5s	0%
Mo, Di, Mi, Do, Fr	16:56:40	17:16:00	00:19:20	3s	0%
Mo, Di, Mi, Do, Fr	19:47:00	20:21:00	00:34:00	3s	0%

Nachdem die vom Selbstoptimierungssystem vorgeschlagenen Pausenzeiten akzeptiert und terminiert wurden, wurde der Betrieb der Drehmaschine um einen weiteren Monat mit dem aktivierten Energiemanagement simuliert. Hierfür wurde die Zustandsmaschine von *sercos Energy* einer realen Drehmaschine angewendet, welche in Abbildung 6.17 dargestellt wird. Die einzelnen Zustände werden im Folgenden beschrieben:

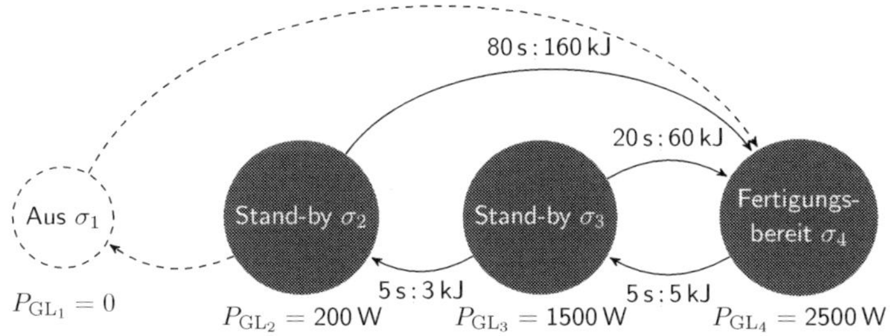

Abbildung 6.17: *Auf sercos Energy basierte Zustandsmaschine der untersuchten Drehmaschine.*

Aus σ_1: Die Maschine ist in diesem Zustand komplett ausgeschaltet (Hauptschalter). Ein komplett automatisches Ausschalten der Werkzeugmaschine ist hier jedoch nicht möglich.

Stand-by σ_2: Mit diesem Energiemodus lässt sich nur die HMI (IPC) bedienen. Alle anderen Verbraucher der Maschine sind abgeschaltet.

Stand-by σ_3: In diesem Zustand sind auch die Versorger der Werkzeugmaschine (Nebenaggregate) zugeschaltet und betriebsbereit.

Fertigungsbereit σ_4: Wenn die Werkzeugmaschine diesen Zustand erreicht, sind auch die Haupt- und Nebenantriebe zugeschaltet.

Die Ergebnisse des Energiemanagements mit dem geschlossenen Selbstoptimierungskreislauf sind in Abbildung 6.18 dargestellt. Die Break-Even-Zeit des Zustands Stand-by σ_2 beträgt 65 s und die minimale Zeit für die entsprechenden Transitionen beläuft sich auf 90 s. Somit kann die Maschine während den terminierten Pausenzeiten diesen Zustand immer erreichen. Die Drehmaschine wurde bei verschiedenen Trainingsphasen immer werktags von 6 bis 22 Uhr (Zweischichtbetrieb) überwacht und gesteuert. Die Graphik zeigt zum Vergleich, dass der Energieverbrauch, der von der Grundlast der Maschine verursacht wird, ohne Selbstoptimierungssystem (ohne SO) während eines Monats 1,24 MWh beträgt.

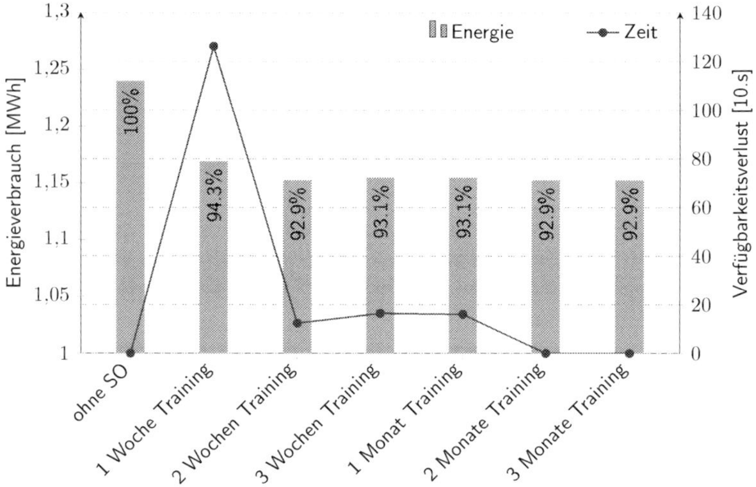

Abbildung 6.18: *Verhalten des Selbstoptimierungssystems auf der Prozessleitebene bei einer Drehmaschine in einer Kleinserienfertigung während eines Monats.*

Nach nur einer Woche Trainingsphase lässt sich über fünf Prozent der Energie einsparen, dennoch ist der damit verbundene Verfügbarkeitsverlust noch sehr hoch (insgesamt 1262 s). Das System konvergiert letztendlich nach zwei Monaten, aufgrund des Parameters $k_P = 0$, auf null Verfügbarkeitsverlust und erreicht dabei eine Energieeinsparung von 7,1%. Die Einsparung entspricht bei der untersuchten Drehmaschine einem monatlichen Betrag von 87 kWh. Zusätzliche Einsparpotenziale am Wochenende und während der schichtfreien Zeit sind hier nicht enthalten.

6.6 Zwischenfazit

In diesem Kapitel wurde gezeigt, wie ein modellbasiertes Energiemanagement, das auf Prognosen von Nutzungsprofilen basiert, den Energieverbrauch von Werkzeugmaschinen während unvermeidbarer Stillstände mit einem möglichst geringen Einfluss auf den Produktionsablauf reduzieren kann.

Unvermeidbare Stillstände, wie die sogenannte Brachzeit, die aus ablauf- und erholungsbedingten Unterbrechungen der Maschinennutzung besteht, entsprechen den Arbeitspausen von Maschinenbedienern nicht unmittelbar und können sogar im Laufe des Betriebs variieren. Die üblichen Maßnahmen zur Erhöhung der Energieeffizienz einer Produktionsmaschine, wie das Abschalten nach Time-out, weisen somit ungenügende Flexibilität auf und können, aufgrund des reaktiven Verhaltens, die Produktivität der Werkzeugmaschine beeinträchtigen.

Mit Hilfe der automatischen Datenerfassung und Analyse von Steuerungszuständen lassen sich periodische Unterbrechungen der Maschinennutzung identifizieren, die anschließend von Menschen geprüft und terminiert werden können. Hierbei spielt die Interaktion mit dem Menschen eine entscheidende Rolle bei der Akzeptanz des Selbstoptimierungssystems in der Fabrikhalle. Aus diesem Grund muss die Interaktion einfach und intelligent sein, so dass nur wenige Parameter zur Einstellung des Systems nötig sind und nur plausible Termine vorgeschlagen werden.

Die Systembewertung zeigt, dass periodische Pausenzeiten sogar bei hoch ausgelasteten Werkzeugmaschinen identifiziert werden können. Allerdings empfiehlt das System solche Pausenzeiten an den Maschinenbetreiber bzw. -bediener nicht weiter, wenn das Risiko von Produktionsstörungen entsprechend hoch ist.

In der Kleinserienfertigung, wo auch das größte Einsparpotenzial liegt, konnte das Selbstoptimierungssystem mit wenig Aufwand für den Maschinenbetreiber über 7 Prozent Energieeinsparung erreichen, ohne Verfügbarkeitsverluste zu verursachen.

Letztendlich kann die Ausführung des Energiemanagements Wechselwirkungen mit der Sicherheitstechnik der Maschine aufweisen bzw. die Zuverlässigkeit von Maschinenkomponenten beeinflussen. Eine kurze Studie über diese Themen wird im nächsten Kapitel veranschaulicht.

Kapitel 7

Nutzung und Abgrenzung selbstoptimierender Werkzeugmaschinen

7.1 Fertigungsprofil und Anwendungspotenzial

Das Energieeinsparpotenzial von Werkzeugmaschinen hängt stark von ihren Nutzungsprofilen ab. Außerdem werden manche Bedingungen zur Anwendung in der Fertigung des entwickelten selbstoptimierenden Systems, wie die Toleranz gegenüber Verfügbarkeitsverlusten in der Lernphase oder die Wiederholung von Aktivitäten (siehe Kapitel 5 und 6), nicht immer erfüllt. Je nach Fertigungstyp lassen sich also unterschiedliche Anwendungspotenziale der Selbstoptimierung zur Steigerung der Energieeffizienz erwarten.

In Tabelle 7.1 werden vier Fertigungstypen aufgelistet, bei denen der Einsatz von Werkzeugmaschinen typisch ist. Die Zeitverteilung zwischen Nutzungs-, Rüst- und organisatorischen Ausfallzeit stellt charakteristische Werte der einzelnen Fertigungstypen dar. Der Prozentanteil bezieht sich auf die Belegungszeit der Maschine, die je nach Anzahl von Arbeitsschichten und -tagen variieren kann.

Tabelle 7.1: *Fertigungstypen und die Zeitverteilung der Produktionszustände in Anlehnung an [Kuh11].*

Fertigungstyp	Losgröße	Nutzungszeit	Rüstzeit	Org.-Ausfallzeit
Einzelfertigung	$1 \dots 10$	40%	30%	30%
Kleinserienfertigung	$10 \dots 100$	55%	20%	25%
Mittelserienfertigung	$100 \dots 1000$	63%	7%	30%
Großserienfertigung	$1000 \dots 10000$	70%	4%	26%

In [Kuh11] wurde die organisatorische Ausfallzeit der aufgelisteten Fertigungstypen unterschieden. Während in der Einzel- und Kleinserienfertigung die Maschine normalerweise im manuellen Modus bleibt und es wenige Restriktionen bzgl. Werkstückwechselbereitschaft gibt, bleibt die Werkzeugmaschine in der Mittel- und Großserienfertigung im Automatikmodus. Darüber hinaus zeigt *Kuhrke* [Kuh11], dass Unterbrechungen in der Mittel- und Großserienfertigung durchschnittlich länger als zwei Minuten dauern und dass eine Werkstückwechselbereitschaft innerhalb von wenigen Sekunden erreicht werden soll. Diese unterschiedlichen Bedingungen benötigen geeignete Ansätze des Selbstoptimierungssystems. Tabelle 7.2 bietet einen Überblick über die Eignung der realisierten Selbstoptimierungssysteme (Optimierung der Energieversorgung in der *Bearbeitungszeit* und des Energieverbrauchs im *Stillstand*) in Bezug auf ihren Einsatz in den einzelnen Fertigungstypen.

Tabelle 7.2: *Fertigungstypen und die Eignung der Selbstoptimierungssysteme. Legende: ++ sehr gut, + gut, ± möglich, – nicht geeignet.*

Fertigungstyp	SO-System (Bearbeitungszeit)	SO-System (Stillstand)
Einzelfertigung	–	±
Kleinserienfertigung	±	++
Mittelserienfertigung	+	±
Großserienfertigung	++	–

Einzelfertigung: Die Einzelfertigung ist für die Anwendung des Selbstoptimierungssystems im Prinzip aus zwei Gründen nur bedingt geeignet: Die kleinen Losgrößen stellen Schwierigkeiten bei der Modellbildung dar und die Unterbrechungen der Maschinennutzung sind in der Regel sehr sporadisch.

Es sind theoretisch mindestens drei Bearbeitungszyklen erforderlich, um ein Modell des Teileprogramms abbilden zu können. Allerdings haben die Untersuchungen gezeigt, dass die Energieeffizienz und der Verfügbarkeitsverlust nach drei Generationen von modellierten Teileprogrammen, jeweils mit drei Bearbeitungszyklen, konvergieren (s. Kapitel 5.5). Bei Losen mit weniger als fünf Werkstücken sind große Schwankungen der Verzögerungszeit zu erwarten. Je nach Maschine und Nutzungsprofil können diese Schwankungen erhebliche Störungen im Produktionsablauf verursachen. Somit sollte hierbei auf eine Selbstoptimierung der Energieversorgung von Maschinenkomponenten verzichtet werden.

Obwohl der Anteil der organisatorischen Ausfallzeit und der Rüstzeit bei der Einzelfertigung sehr hoch ist, kann hier auch die Selbstoptimierung auf der Prozessleitebene problematisch sein, denn das Fehlen eines Fertigungsprogramms erschwert die Erkennung von Zeitmustern. Die regelmäßigen Unterbrechungen der Maschinennutzung, wie z. B. die erholungsbedingten Pausen, werden durch Schwankungen in der Produktion verkürzt und weisen daher ein geringes Einsparpotenzial für das Selbstoptimierungssystem auf.

Kleinserienfertigung: Die Kleinserienfertigung fasst die besten Bedingungen zusammen, um die Anwendung einer Selbstoptimierung auf der Prozessleitebene zu begründen: es gibt ein Fertigungsprogramm, der Anteil der Nutzungszeit ist noch relativ klein (geringe Auslastung) und die Maschinen werden in der Regel manuell be- und entladen (keine Pufferung). Man muss jedoch noch beachten, dass die Türen der Maschinen trotz des manuellen Modus während Stillständen geschlossen bleiben, damit die minimalen Sicherheitsbedingungen erfüllt werden.

Wie die Ergebnisse von Kapitel 6.5 zeigten, ist im Zweischichtbetrieb mit fünf Arbeitstagen pro Woche eine Energieeinsparung von ca. sieben Prozent möglich, ohne das Einsparpotenzial der produktionsfreien Schichten zu berücksichtigen. Im Dreischichtbetrieb mit sechs Arbeitstagen pro Woche wäre eine Energieeinsparung von ca. zwölf Prozent erreichbar.

Die Selbstoptimierung der Teileprogramme (Energieversorgung) in der Kleinserienfertigung kann je nach Losgröße günstig eingesetzt werden. Allgemein kann gesagt werden, dass die Energieeinsparung und der Verfügbarkeitsverlust ab einer Losgröße von mindestens zehn Werkstücken konvergieren und stabil bleiben (s. Kapitel 5.5). Darüber hinaus ist der Verfügbarkeitsverlust bei den ersten Bearbeitungen nicht kritisch, da die Werkzeugmaschine in der Kleinserienfertigung ohnehin gering ausgelastet ist. Die Entscheidung, wann ein Teileprogramm vom Selbstoptimierungssystem optimiert werden soll, kann vom Maschinenbediener aus Erfahrung getroffen werden. Hierfür bietet die HMI am Bedienfeld der Maschinensteuerung (s. Abbildung 5.19) die nötige Unterstützung an.

Mittelserienfertigung: Ab der Mittelserienfertigung spielt die Selbstoptimierung der Energieversorgung von Maschinenkomponenten eine immer wichtigere Rolle. Die Losgrößen zwischen 100 und 1000 Werkstücken sowie der große Anteil der Nutzungszeit sprechen für eine kontinuierliche Anwendung der Selbstoptimierung von Teileprogrammen.

Im Gegensatz dazu ist ein Einsatz der Selbstoptimierung auf der Prozessleitebene nur teilweise von Vorteil. Die Werkzeugmaschinen werden mit Hilfe von automatischen Vorrichtungen im Vergleich zur Einzel- und Kleinserienfertigung stärker ausgelastet und ihrer Nutzung weist somit Unterbrechungen von nur wenigen Minuten auf.

Großserienfertigung: Durch die starke Auslastung der Produktionsanlagen ist in der Großserienfertigung nur ein sehr eingeschränkter Einsatz der Selbstoptimierung auf der Prozessleitebene möglich. Im Anwendungsfall, welcher in Kapitel 6.5 untersucht wurde, war keine Terminierung von Pausenzeiten möglich. Neben den kurzen Stillstandszeiten, welche ein geringes Einsparpotenzial aufweisen, waren die Unterbrechungen der Maschinennutzung auch sehr fragmentiert, was eine Ausführung des Energiemanagements nur auf Kosten von hohen Verfügbarkeitsverlusten ermöglicht.

In der Großserienfertigung liegt jedoch ein großes Potenzial zur Anwendung der Selbstoptimierung von Teileprogrammen. Hierbei entspricht die Lernphase je nach Losgröße maximal nur ein Prozent der Nutzungszeit. Der Rest der Zeit wird ohne weiteres Zutun des Menschen für eine optimierte Ausführung des Teileprogramms verwendet.

7.2 Akteure der Umsetzung und Anwendung

Die Umsetzung und die Anwendung der selbstoptimierenden Werkzeugmaschine zur Steigerung der Energieeffizienz setzen verschiedene Aufgaben von den Herstellern der NC-Steuerung, der Maschinenkomponenten und der Werkzeugmaschine sowie vom Betreiber der Maschine voraus, wie es in Tabelle 7.3 zu sehen ist.

Tabelle 7.3: *Beteiligung der Akteure an der Umsetzung und Anwendung der selbstoptimierenden Werkzeugmaschine.*

	NC-Steuerung	Maschinenkomponenten	OEM	Betreiber
SO-System	✓			
Schnittstellen (Hardware, Netzwerk)	✓	✓	✓	
HMI	✓		✓	
Integration			✓	✓
Sicherheit	✓	✓	✓	✓
Nutzung				✓

Hersteller der NC-Steuerung: Die NC-Steuerung kann mit einer Grundstruktur (Framework) zur Umsetzung des Selbstoptimierungssystems (SO-Systems) ausgerüstet werden. Der Aufzeichnungsmechanismus im NC-Kern, sowie die Software-Bestandteile zur Analyse der Aufzeichnungen, Funktionsbausteinen und Bibliotheken für die SPS sollen vom Hersteller der NC-Steuerung bereitgestellt werden.

Die Mensch-Maschine-Schnittstelle (HMI) für das Monitoring und die Verwaltung von Teileprogrammen kann ebenfalls vom Steuerungshersteller entwickelt werden.

Eine weitere Aufgabe des Steuerungsherstellers ist die Berücksichtigung von Sicherheitsanforderungen an das Selbstoptimierungssystem, da die Maschinensteuerung die Aktivierung von Sicherheitsfunktionen kontrolliert.

Komponentenhersteller: Hersteller von Maschinenkomponenten und Nebenaggregaten können der Umsetzung des Energiemanagements von Werkzeugmaschinen dienen, indem sie z. B. Standardschnittstellen wie sercos Energy (s. Kapitel 6.3) an ihren Produkten implementieren. Dabei sollen sie auch die Sicherheitstechnik der Teilsysteme berücksichtigen.

Werkzeugmaschinenhersteller (OEM): Der Werkzeugmaschinenhersteller setzt das Energiemanagement und das Selbstoptimierungssystem um, indem er alle Komponenten in die Maschine integriert. Er wendet die gelieferten Bibliotheken an, um die einzelnen Versorgungssysteme zu parametrieren und verknüpft die entsprechenden Signale zur Schaltung der Energiemodi.

Die HMI, die vom Steuerungshersteller geliefert wird, kann hier noch maschinen- und kundenspezifisch erweitert werden. Darüber hinaus ist der OEM als Systemintegrator hauptverantwortlich für die Sicherheit seiner Maschine.

Maschinenbetreiber: Wenn die Integration der Werkzeugmaschine in eine vorhandene Produktionslinie zusätzliche Anpassungen an der Maschine erfordert – z. B. aufgrund der Installation zusätzlicher Hydraulikkomponenten, die vom Hydraulikaggregat der Maschine versorgt werden – müssen die Änderungen vom Maschinenhersteller aus Sicherheitsgründen überprüft werden. Hierbei müssen die Parameter des Selbstoptimierungssystems ebenfalls angepasst werden.

Bei der Durchführung der Selbstoptimierung auf der Prozessleitebene kann der Maschinenbetreiber bestimmen, welche Intervalle der Betriebszeit einer Werkzeugmaschine in Bezug auf den Energieverbrauch optimiert werden sollen.

Der Maschinenbetreiber bzw. -bediener überwacht die Durchführung des Energiemanagements und entscheidet, welche Teileprogramme vom Selbstoptimierungssystem übernommen werden. Auch der Zeitpunkt zur Übernahme eines bereits optimierten NC-Programms wird vom Maschinenbediener mithilfe der HMI definiert (s. Kapitel 5.4).

Eine korrekte Bedienung und Instandhaltung der Werkzeugmaschine trägt ebenfalls zur Erhaltung der Sicherheit, der Zuverlässigkeit sowie der Energieeffizienz bei.

7.3 Verlässlichkeit selbstoptimierender Werkzeugmaschinen

Der Begriff Verlässlichkeit (engl. Dependability) bezeichnet die Qualität des Services eines Systems, die von seinen Nutzern gerechtfertigterweise erwartet werden kann [Lap85, Lap92, Lap95]. Das Konzept von Verlässlichkeit und ihre Taxonomie wurden über mehrere Jahre weiterentwickelt, wobei *Avižienis*, *Laprie* und *Randell* [ALR01] insgesamt sechs Eigenschaften (Qualitätsmerkmale) der Verlässlichkeit definiert haben:

Zuverlässigkeit (engl. Reliability) ist die Kontinuität des richtigen Services, die Haltbarkeit, die Überlebenswahrscheinlichkeit des Systems.

Verfügbarkeit (engl. Availability) ist die Bereitschaft zum richtigen Service bzw. zur richtigen Benutzung des Systems. Sie stellt oft Zielkonflikte mit anderen Eigenschaften dar.

Sicherheit (engl. Safety) ist die Abwesenheit von kritischen Ausfällen und katastrophalen Auswirkungen für den Nutzer und die Umgebung. Sie ist von der Zuverlässigkeit abhängig.

Integrität (engl. Integrity) bedeutet die Abwesenheit von unbefugten Änderungen des Systemzustands. Sie ist eine Voraussetzung für Verfügbarkeit, Zuverlässigkeit und Sicherheit.

Vertraulichkeit (engl. Confidentiality) ist die Abwesenheit von unbefugter Offenlegung von Informationen.

Wartbarkeit (engl. Maintainability) ist die Fähigkeit des Systems sich Reparaturen und Änderungen zu unterziehen. Die Instandhaltung kann nicht nur fehlerbehebend oder prädiktiv sein, sondern auch adaptiv bzw. perfektiv.

Im Bereich der selbstoptimierenden Systeme spielt das Thema Verlässlichkeit auch eine wichtige Rolle. Das Konzept der Selbstoptimierung kann sich sowohl negativ als auch positiv auf die Verlässlichkeit eines Systems auswirken. Auf der einen Seite werden mechatronische Systeme durch Selbstoptimierung komplexer, was in der Regel eine größere Gefahr von systematischen Fehlern bedeutet. Auf der anderen Seite ermöglicht die Selbstoptimierung eine Reaktion des Systems während der Betriebsphase, welche optimal an die sich ändernden Bedingungen der Umgebung angepasst werden kann [FGM+07b, DHK+09].

Frank et al. [FGM+07b] haben besagt, dass die Verlässlichkeit eines selbstoptimierenden Systems sowohl als inhärentes Ziel (bereits während des Systementwurfs) als auch internes Ziel verfolgt werden kann. Während Sicherheit, Zuverlässigkeit und Verfügbarkeit als inhärente Ziele z. B. durch Überdimensionierung von Bauteilen erreicht werden könnten – was auch einen Zielkonflikt in Bezug auf die Steigerung der Energieeffizienz bedeuten würde – könnte die Verlässlichkeit zur Laufzeit als internes Ziel je nach Betriebs- und Umgebungsbedingungen vor anderen Zielen priorisiert werden.

In Abbildung 7.1 sind einige Eigenschaften der Verlässlichkeit dargestellt, die bei der Selbstoptimierung des Energiemanagements von besonderer Bedeutung sind.

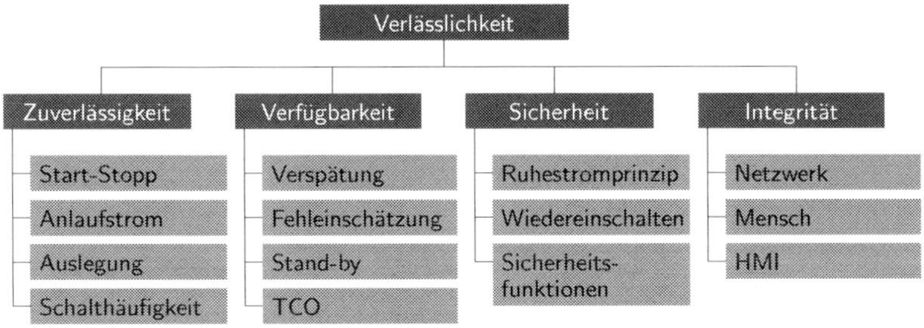

Abbildung 7.1: *Eigenschaften der Verlässlichkeit und die verwandten Themen des selbstoptimierenden Energiemanagements.*

Die Integrität der selbstoptimierenden Werkzeugmaschine wird vor allem durch die Schnittstellen zum Schließen des Regelkreises bestimmt. Der Mensch legt fest, ob und wann ein Teileprogramm am Selbstoptimierungskreislauf teilnehmen soll oder eine Pausenzeit terminiert werden soll. Die HMI muss also über ausreichende Mittel verfügen (z. B. Benutzerverwaltung), um die Integrität dieser Entscheidungen sicherzustellen. Eine ähnliche Rolle spielt die Middleware über das Netzwerk. Hierbei müssen die Daten der Steuerung richtig übertragen und gespeichert werden, sodass die Überwachung des Systemzustands nicht verfälscht wird.

Die Verfügbarkeit der Werkzeugmaschine kann auch durch die Selbstoptimierung beeinflusst werden. Fehler bei der Einschätzung von Pausenzeiten verursachen Verspätungen sowohl der einzelnen Versorgungssysteme als auch der ganzen Maschine. Der Kompromiss zwischen Verfügbarkeit und Energieverbrauch ist ein Zielkonflikt, der im Rahmen der Selbstoptimierung des Energieverbrauchs von Werkzeugmaschinen in Kapitel 5 und 6 ausführlich untersucht wurde.

In den nächsten Abschnitten werden die Themen Zuverlässigkeit und Sicherheit, vor allem funktionale Sicherheit, im Rahmen der Steigerung der Energieeffizienz von Werkzeugmaschinen weiter analysiert.

7.3.1 Wechselwirkungen mit der Zuverlässigkeit

Der Einsatz von Versorger-Controllern (s. Kapitel 5), um die Energieeffizienz von Werkzeugmaschinen zu erhöhen, lässt vermuten, dass die daraus resultierenden zusätzlichen Zustandswechsel von Maschinenkomponenten (z. B. Start-Stopp-Betrieb) einen negativen Einfluss auf die Zuverlässigkeit der Werkzeugmaschine darstellen können. Diese Hypothese basiert auf dem dynamischen Übergangsverhalten mechanischer und elektrischer Komponenten, das in der Regel einer höheren Belastung bzw. Beanspruchung der Elemente entspricht.

Um die erwähnte Vermutung zu verifizieren und gleichzeitig die Auswirkungen verschiedener Steuerungsstrategien auf die Zuverlässigkeit (bzgl. Haltbarkeit) von Maschinenkomponenten vergleichen zu können, wurde im Sinne der Betriebsfestigkeitslehre eine Methode zur Bestimmung der linearen Schadensakkumulation verwendet [Ver04]. Hierfür hat die Simulation der Speicherladeschaltung (s. Kapitel 5.2) erneut Anwendung gefunden.

Abbildung 7.2 zeigt ein hierarchisches Modell zur Entstehung der Beanspruchung eines Designelementes[1].

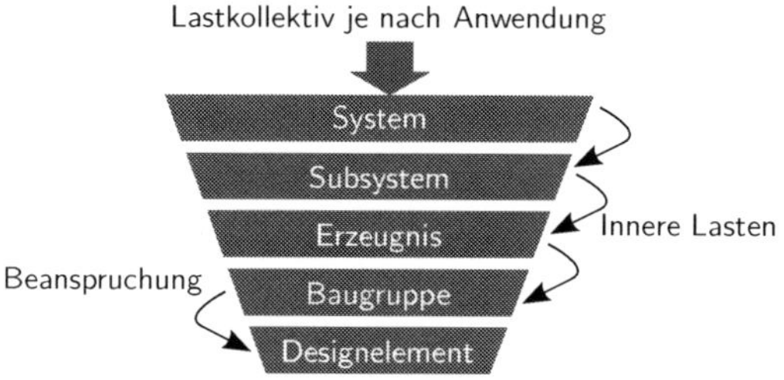

Abbildung 7.2: *Hierarchisches Modell zur Entstehung der Beanspruchung eines Designelementes.*

Je nach Anwendung (Nutzungsprofil) wirken verschiedene Lastkollektive auf das betrachtete System. Diese Lasten verteilen sich über die Subsysteme, die Erzeugnisse und die Baugruppe hin zum Designelement, welches letztendlich beansprucht wird. Dabei ist Belastung von Beanspruchung zur unterscheiden:

Belastung: Durch den Verwendungszweck vorgegebene Wirkparameter auf das Erzeugnis, die zu Beanspruchung im Designelement führen. Beispiele von Belastungen sind Kraft, elektrische Spannung und elektrischer Strom.

Beanspruchung: Aus Belastung und Design abgeleitete Wirkparameter, die im Designelement wirken und zu Schädigungsvorgängen im Designelement führen können (z. B. mechanische Spannung, elektromagnetisches Feld, Stromdichte).

Im Fall der Speicherladeschaltung bilden die Operationen (Verbraucher) das Nutzungsprofil des Systems. Ein Subsystem ist zum Beispiel die Motor-Pumpe, wobei der Motor allein als Erzeugnis bezeichnet werden kann. Typische elektrische Motoren bei Pumpen von Speicherladeschaltungen sind Drehstrom-Asynchronmotoren mit Käfigläufer. Obwohl solche Motoren in der Regel sehr robust sind, werden je nach Betriebsart unterschiedliche Belastungen auf die Ständerwicklung erwartet. Diese Belastungen können wiederum die Windungsisolierung (Designelement) stark beanspruchen und durch Überhitzung (Temperatur) zum Ausfall des Motors führen [MS89, BGJ+09].

In der internationalen Norm IEC 60034-1 [Nor05b] werden zehn verschiedene Nennbetriebsarten definiert, welche die Beanspruchung einer elektrischen Maschine grundsätzlich beschreiben. Während die ursprüngliche Speicherladeschaltung (ohne energieeffiziente Ansteuerung, s. Kapitel 5.2) aufgrund

[1] Das Designelement ist die kleinste in sich geschlossene Baueinheit zur Erfüllung von einer oder mehreren Funktionen.

des drucklosen Umlaufs dem ununterbrochenen periodischen Betrieb mit Aussetzbelastung entspricht (S6), kann man den Start-Stopp-Betrieb als ein Aussetzbetrieb mit Einfluss des Anlaufvorganges (S4) beschreiben.

Zur Untersuchung der unterschiedlichen Belastungen, die beim Start-Stopp-Betrieb je nach Steuerungsstrategie entstehen, wurde ein Nutzungsprofil erzeugt, welches als Lastkollektiv für die Simulation der Speicherladeschaltung verwendet wurde. Das Nutzungsprofil besteht aus zwei streuenden Größen: die Zeit zwischen Operationen und die Dauer der Operationen. Bei der Erzeugung der Zeit zwischen Operationen (Pausenzeit) wurde eine Log-Normalverteilung mit $\mu = 2\,\text{s}$ und $\sigma^2 = 2\,\text{s}$ benutzt. Die Dauer der Operationen wurde mithilfe einer Gleichverteilung ($\min = 0{,}5\,\text{s}$ und $\max = 2\,\text{s}$) generiert. Das somit resultierende Nutzungsprofil variiert von häufigen Operationen mit kurzen Pausenzeiten bis zu lange inaktiven Perioden, wie der typische Betrieb von Hydraulikaggregaten bei Werkzeugmaschinen.

Im Rahmen der eingesetzten Simulation, die hauptsächlich für die Untersuchung des Energieverbrauchs entwickelt wurde, ist die elektrische Leistungsaufnahme die Größe, welche die Belastung des Motors am besten beschreiben kann. Nachdem das Verhalten des Systems bei einem 24-stündigen Nutzungsprofil simuliert wurde, hat man mit Hilfe des in [AST99] beschriebenen Zählverfahrens den Verlauf der elektrischen Leistungsaufnahme benutzt, um die simulierte Beanspruchung im Betrieb zu ermitteln.

In Abbildung 7.3 ist die lineare Schadensakkumulation von drei Versuchen dargestellt: ohne Abschalten des Motors, mit Abschalten des Motors je nach Druck im Speicher (*Energiepuffer*) und mit Abschalten des Motors, wenn die Stillstandszeit länger als die Break-Even-Zeit vorgesehen ist (*Break-Even*).

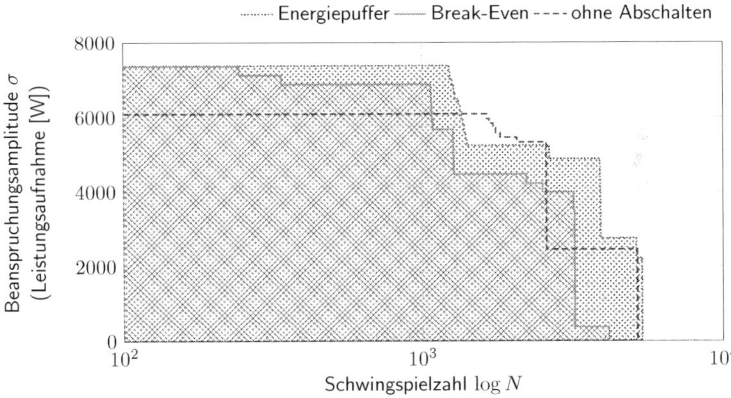

Abbildung 7.3: *Vergleich der linearen Schadensakkumulation (S-N-Kurve) bei der Steuerung einer Speicherladeschaltung.*

An der dargestellten S-N-Kurve kann man erkennen, dass vor allem im Bereich der Kurzzeitfestigkeit (Schwingspielzahl kleiner als 10^3) eine höhere Beanspruchung durch den Start-Stopp-Betrieb zu erwarten ist als beim ununterbrochenen Betrieb. Der Grund dafür sind die hohen elektrischen Leistungsaufnahmen, die beim Anlauf des Motors auftreten, d. h. größere Lastwechsel.

Um den Vergleich zwischen den weiteren untersuchten Steuerungsstrategien quantifizierbar zu machen, wurde die sogenannte Schadensumme mit Hilfe des in [Nie09] implementierten Algorithmus ermittelt. Die Schädigung D (Schadensumme) lässt sich nach folgender Formel berechnen [Ver04]:

$$D = \sum_{i=1}^{j} \frac{n_i}{N_i} \tag{7.1}$$

n_i ist die auftretende Schwingspielzahl in der Klasse i, N_i ist die maximal ertragbare Schwingspielzahl in der Klasse i und j ist die Anzahl der Klassen (Diskretisierungsstufen).

Dadurch, dass die Beanspruchbarkeit der betroffenen Designelemente im Motor nicht bekannt war und das Ziel der Untersuchung ledig der relative Vergleich der Strategien ist, wurde eine fiktive 50%-Wöhler Linie wie im Folgenden definiert:

$$N_i = N_D \cdot \left(\frac{\sigma_i}{\sigma_D}\right)^k$$

wobei die maximal ertragbare Schwingspielzahl bei σ_D ($N_D = 2 \cdot 10^7$), der Exponent ($k = 8$) und die Dauerfestigkeit ($\sigma_D = 1000$) festgelegt wurden. Die Berechnungen der Schadensumme lassen sich mit dem Energieverbrauch der einzelnen Steuerungsstrategien in Abbildung 7.4 vergleichen.

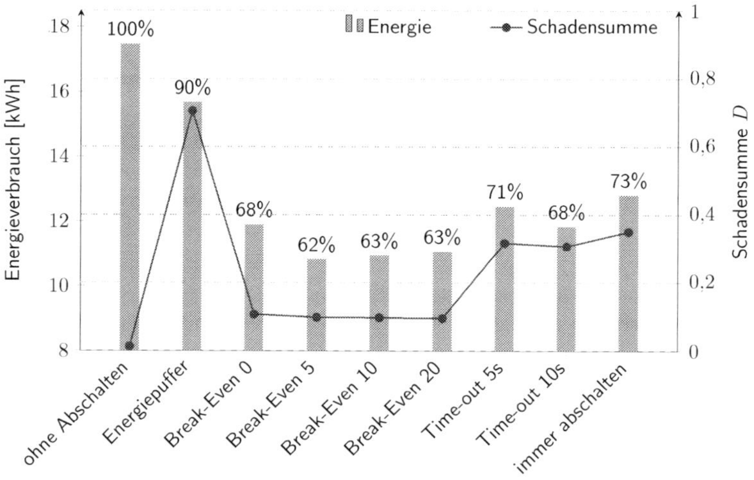

Abbildung 7.4: *Berechnete Schadenssumme bei verschiedenen energieeffizienten Steuerungsstrategien einer Speicherladeschaltung.*

Während die kleinste Schadensumme ohne den Start-Stopp-Betrieb (in Abb. als „ohne Abschalten" bezeichnet) erreicht wird, ist erkennbar, dass die Steuerungsstrategie „Energiepuffer" die größte Schädigung verursachen kann. Berücksichtigt man die Break-Even-Zeit beim Abschalten des Motors, reduziert sich die Schadensumme drastisch. Dennoch soll man beachten, dass die Zuverlässigkeit des Systems durch die höheren Beanspruchungen des Start-Stopp-Betriebs immer noch negativ beeinflusst werden kann.

In den frühen Phasen der Entwicklung ist die erste Maßnahme zur Verbesserung der Zuverlässigkeit eine bewusste Auslegung der elektrischen und mechanischen Komponenten. Darüber hinaus ist es möglich, dass die Zuverlässigkeit des Systems als Ziel der Selbstoptimierung definiert wird. Hierfür kann die Schalthäufigkeit des Motors neben der Break-Even-Zeit als zusätzliches Kriterium benutzt werden, um zu entscheiden, ob der Motor abgeschaltet werden soll oder nicht. Wurde der Motor z. B. in den letzten Minuten mehrmals abgeschaltet, priorisiert das Selbstoptimierungssystem die Zuverlässigkeit vor der Energieeffizienz und vermeidet ein neues Abschalten für eine gewisse Zeit.

7.3.2 Wechselwirkungen mit der Sicherheitstechnik

Ein wichtiger Aspekt der Nutzung von Selbstoptimierungssystemen an Werkzeugmaschinen ist die funktionale Sicherheit[2]. Um die Sicherheit selbstoptimierender mechatronischen Systeme zu berücksichtigen, haben *Frank et al.* [FGM+07b] ein Monitoring-Konzept für die Betriebsphase entwickelt. In Anlehnung an das Operator-Controller-Modul (OCM, s. Kapitel 2.5.1) wird im reflektorischen Operator ein Monitor integriert, welcher den Systemzustand in vier verschiedene Sicherheitsbereiche einordnen kann. Je nach Sicherheitsbereich werden in der Phase „Bestimmung der Systemziele" die Ziele der Selbstoptimierung (z. B. Energieeffizienz) oder der Sicherheit priorisiert. Ein Beispiel für die Applikation des Monitoring-Konzepts im Bereich Energiemanagement eines Schienenfahrzeugs wurde in [KSWRV09] beschrieben.

Bei den untersuchenden Anwendungsfällen sowie in Kapitel 5.5 als auch 6.5 wurde jedoch auf das vorgeschlagene Monitoring-Konzept verzichtet. Hierbei wurden die Aspekte der funktionalen Sicherheit nicht als Ziel des selbstoptimierenden Systems betrachtet, sondern unmittelbar bei der Ausführung des Energiemanagements auf der Controller-Ebene (SPS) berücksichtigt. Im Folgenden werden die untersuchten Systeme in Bezug auf die funktionale Sicherheit einzeln analysiert.

Speicherladeschaltung (Hydraulik): Bearbeitungszentren, die über einen Drehtisch für das Werkstück verfügen, wie das BA S03-11 und das DMC 80H (s. Anhang A.1 bzw. A.2), erhöhen seine Steifigkeit mit Hilfe von hydraulischen Klemmvorrichtungen. Wird ein Drehmoment am gespannten Werkstück z. B. durch das Bohren erzeugt, stellt die Klemmung des Drehtisches sicher, dass das Werkstück in Bezug auf das Werkzeug steif und ausgerichtet bleibt. Somit wird ein Kippmoment am Werkzeug vermieden, welches einen Werkzeugbruch verursachen könnte. Ein Rückschlagventil vor der Klemmvorrichtung sorgt dafür, dass der Drehtisch geklemmt bleibt (Hydraulikdruck bleibt erhalten). Falls das Rückschlagventil versagt (ein Aspekt der Zuverlässigkeit), kann der Hydraulikspeicher noch den notwendigen Druck an die Klemmvorrichtung liefern. Diese Redundanz verbessert also die Sicherheit des Systems.

Dennoch, wenn das Energiemanagement den Motor der Speicherladeschaltung abschaltet, weil es keine Operation zu versorgen gibt, wird der Druck im Speicher eventuell nicht mehr gewährleistet. Eine Leckage könnte z. B. den Druck im Speicher so verringern, dass die erwähnte Redundanz nicht mehr vorhanden ist. Dieses Verhalten spart Energie, indem die Leckage nicht „versorgt" wird, kann aber die Sicherheit des Systems verringern.

Um das Risiko eines Ausfalls zu reduzieren, spielt die Zuverlässigkeit der angewendeten Komponenten eine wesentliche Rolle. Darüber hinaus kann eine Überwachungsfunktion vom OEM in der SPS implementiert werden, um mithilfe eines Drucksensors den Druck direkt an der Klemmvorrichtung zu überwachen[3]. Somit kann die Steuerung im Fall eines Versagens des Ventils entsprechend reagieren und die Maschine in einen sicheren Zustand versetzen.

Achse-Haltebremse-System: Das Achse-Haltebremse-System hängt von zwei Versorgern ab: dem elektrischen Versorger (zzgl. Antrieb) und dem hydraulischen Versorger (Hydraulikaggregat). Obwohl die Haltebremse von einem Hydraulikaggregat versorgt wird, welches vom Selbstoptimierungssystem abgeschaltet werden kann, stellt das Ruhestromprinzip am Achse-Haltebremse-System sicher, dass die Bremse auch ohne Versorger durch Federkraft geschlossen werden kann, um eine ungewollte Bewegung der Achse zu vermeiden.

Das Öffnen der Bremse ist nur mithilfe des hydraulischen Versorgers möglich. Die Anwendung von Versorger-Controllern kann insbesondere während der Lernphase oder bei hohen Progressivitätsgraden zur Folge haben, dass die hydraulische Versorgung verzögert wird. Eine Verspätung bei dieser Operation kann die Maschine dazu führen, dass die Achse gegen die Bremse fährt.

[2]Teil der Gesamtsicherheit, bezogen auf die Maschine und das Steuerungssystem, der von der korrekten Funktion des sicherheitsbezogenen Systems und anderer risikomindernder Maßnahmen abhängt. [Nor99]

[3]Solche Überwachunsfunktionen werden heute schon normalerweise implementiert.

Um diese Situation zu vermeiden, muss die Steuerung vor der Reglerfreigabe (im Antrieb) die Haltebremse auf den Hydraulikdruck überprüfen. Ähnlich wie bei der vorerwähnten Klemmvorrichtung wird diese Überwachungsfunktion vom OEM in der SPS implementiert. Hierfür ist es wichtig, zwischen einer Verspätung und einem Versagen der hydraulischen Versorgung unterscheiden zu können. Aus diesem Grund wurde in der SPS der untersuchten Maschine (s. Kapitel 5.5.2) ein Time-Out-Watchdog umgesetzt, der nach einer gewissen Zeitverzögerung den kritischen Zustand erkennt und das Fahren gegen die Bremse vermeidet.

Energiemanagement auf der Prozessleitebene (Maschine): Das Energiemanagement der kompletten Maschine kann mit Hilfe von Anwendungsprofilen wie sercos Energy (s. Kapitel 6.3) ausgeführt werden. Das kann die Integration der Maschinenkomponenten in das Energiemanagement vereinfachen, sobald die Komponentenhersteller solche Schnittstellen an ihren Produkten implementieren. Dennoch muss der OEM eigene Maßnahmen hinsichtlich der Sicherheit treffen, um sicherzustellen, dass die Sicherheit der ganzen Maschine nicht durch das Abschalten von fremden Komponenten gefährdet wird.

Vor allem das automatische Wiedereinschalten kann sicherheitskritisch sein. Das Zuschalten des Hydraulik- oder Druckluftaggregats kann z. B. zu unerwarteten Bewegungen der Maschine führen und Quetschungen und weitere Verletzungen verursachen. Aus diesem Grund muss unter anderem bei der Ausführung des Energiemanagements kontinuierlich überwacht und überprüft werden, ob die Maschinentüren geschlossen sind, bevor der automatische Zustandswechsel der Werkzeugmaschine (Zu- bzw. Abschalten von Maschinenkomponenten) stattfinden kann.

Kapitel 8

Zusammenfassung und Ausblick

Werkzeugmaschinen sind für einen großen Teil des Energieverbrauchs in der Metallbearbeitung, dem Fahrzeugbau und dem Maschinenbau verantwortlich. Neben ihrem Beitrag zum Energiesparpotenzial der Fertigungsindustrie prägt der Energieverbrauch von Werkzeugmaschinen auch maßgeblich deren *Total Cost of Ownership*. Die Steigerung der Energieeffizienz von Werkzeugmaschinen ist daher auch ein wichtiger Faktor für die Senkung der Produktionskosten.

Überzeugt vom Wettbewerbsvorteil, den die Energieeffizienz im Werkzeugmaschinenmarkt bietet, ergreifen derzeit viele Werkzeugmaschinenhersteller immer mehr konstruktive Maßnahmen, um die Effizienz ihrer Maschinen zu steigern. Aufgrund der Modularität bei der modernen Konstruktion von Werkzeugmaschinen realisieren einzelne Module und Teilsysteme eine autonome und statische Betriebsweise. Demzufolge werden Maschinenkomponenten und Teilsysteme getrennt optimiert, was zu Zielkonflikten und suboptimalem Betrieb führt.

Darüber hinaus weisen hergestellte Produkte immer kürzere Lebenszykluszeiten auf, sind sehr vielfältig und kundenspezifisch und fordern daher entsprechende flexible Werkzeugmaschinen. Diese Flexibilität wird in der Konstruktionsphase oft durch die Überdimensionierung von Komponenten erreicht, was die Energieeffizienz der Maschine wiederum sinken lässt.

Die Hauptdefizite liegen im Fehlen eines automatisierten Energiemanagements, das zum Zweck der Effizienzsteigerung eine gemeinsame Planung und Steuerung der Leistungsbilanz aller Verbraucher der Maschine bei sich ändernden Umwelteinflüssen ermöglicht. Aufgrund dieser fehlenden automatisierten Lösung, die den Umgang mit Energie intelligent und bedarfsgerecht kontrolliert, bleiben große Energiesparpotenziale ungenutzt.

Ausgehend von diesen Defiziten wurden im Rahmen dieser Arbeit zwei Selbstoptimierungssysteme entwickelt, die universelle Werkzeugmaschinen in die Lage versetzen, eine Online-Optimierung hinsichtlich der Energieeffizienz zu realisieren. Während das erste System eine Optimierung in der produktiven Betriebszeit erzielt, konzentriert sich das zweite System auf die Einsparung in der Stillstandszeit der Maschine. Somit ergänzen sich die zwei Selbstoptimierungssysteme, um ein gemeinsames Ziel zu erreichen.

In dieser Arbeit wurde zunächst eine Ursache-Wirkungs-Analyse präsentiert, welche die Wirkungskette des Energieverbrauchs von Werkzeugmaschinen aufzeigt und die Basis für die realisierten Optimierungskonzepte schafft. Anschließend wurden verschiedene Analysen sowohl über das energetische Verhalten von Maschinenachsen als auch über die Beziehungen zwischen Maschinenoperationen und Versorgungssystemen beschrieben. Die Analyse dieser Beziehungen diente als Basis für die vorgeschlagene funktionale Maschinenstruktur, welche die Entstehung des Energiebedarfs während des Maschinenbetriebs darstellt.

Darüber hinaus basieren die entwickelten Ansätze zur Optimierung des Energieverbrauchs auf einer automatisierten Maschinendatenerfassung, die eine wiederkehrende Analyse der Ist-Situation ermöglicht. Demzufolge wurde der Einsatz der NC-Steuerung als Messdatenerfassungssystem ebenfalls dargelegt.

Beim ersten realisierten Selbstoptimierungssystem handelt es sich um die Optimierung der Energieversorgung von Maschinenkomponenten. Der Fokus dieses Systems ist die Reduktion des Versorgungsüberschusses und somit der Grundlast der gesamten Werkzeugmaschine mit Hilfe von Versorger-Controllern. Diese Controller sind in der Lage, Versorgungssysteme während eines Bearbeitungsvorgangs auf verschiedene Modi bzw. Zustände zu schalten, um eine Absenkung des Gesamtenergieverbrauchs zu erzielen. Die erste Voraussetzung dafür war die Modellierung von Versorgungssystemen basierend auf funktionalen Zustandsmaschinen. Sie diente als Basis für eine flexible und modulare Modellierung von verschiedenen Maschinenteilsystemen, die sich von einem Energiemanagementsystem ansteuern lassen können. Diese Modelle lassen sich mit angemessenem Aufwand parametrieren und stellen ein effizient lösbares Optimierungsproblem dar. Anschließend wurde eine Steuerungsstrategie implementiert, welche die Break-Even-Zeit der einzelnen Energieverbraucher in Zusammenhang mit automatisch modellierten Nutzungsprofilen in Betracht zieht, um die Leistungsbilanz dieser Komponenten systematisch anzusteuern.

Das konzipierte Selbstoptimierungssystem wurde in einer realen Maschine umgesetzt. Trotz der Robustheit und Autonomie des Systems wurde darauf geachtet, dass auch der Mensch den Selbstoptimierungskreislauf beeinflussen kann. So lässt sich das Optimierungssystem gezielt einsetzen und eventuelle Auswirkungen bei kritischen Betriebsbedingungen durch den Menschen isolieren.

Die Bewertung des ersten Selbstoptimierungssystems hat gezeigt, dass die Energieeffizienz bei der Versorgung von Maschinenkomponenten gesteigert wird, ohne die Verfügbarkeit der Systeme bedeutend zu beeinträchtigen. Die Umsetzung des Optimierungssystems bei der Speicherladeschaltung des Bearbeitungszentrums BA S03-11 (Anhang A.1) hatte eine Reduktion des Energieverbrauchs dieses Moduls von bis zu 30 Prozent zur Folge. Diese Einsparung entspricht ca. acht Prozent der Grundlast dieser Werkzeugmaschine in der produktiven Zeit. Das reale Energiesparpotenzial des Optimierungssystems ist jedoch schwer zu schätzen. Das Selbstoptimierungssystem soll hier nicht lediglich als eine zusätzliche Einsparmaßnahme betrachtet werden, sondern als eine Methode zur Steigerung der Effizienz, deren Potenzial von ihrer Umsetzung und den lokalen Einsatzbedingungen abhängig ist.

Das zweite konzipierte und umgesetzte Selbstoptimierungssystem bezieht sich auf die Optimierung des Energieverbrauchs von Werkzeugmaschinen während Unterbrechungen ihrer Nutzung, d. h. während Stillständen zwischen Bearbeitungsvorgängen. Das Ziel des Systems war die Steigerung der Energieeffizienz durch Erhöhung des Nutzungsgrads der Maschine auf Basis von Prognosen ihres Nutzungsprofils mit einem möglichst geringen Einfluss auf den Produktionsablauf.

Der Aufbau des Systems zur Selbstoptimierung auf der Prozessleitebene wurde in drei Schritten aufgeteilt. Zunächst wurde ein kognitiver Ansatz zur automatischen Analyse von Produktionsverläufen konzipiert. Dieses Verfahren dient als Basis für die Analyse der Ist-Situation, in der die Maschine eingesetzt ist. Anschließend wurden wiederkehrende Ereignisse benutzt, um eine Terminierung von Energiesparmodi zu realisieren. Darauf aufbauend wurde die automatische Ausführung des Energiemanagements entwickelt.

Ein Prototyp des Selbstoptimierungssystems wurde aufgebaut und an zwei Anwendungsfällen getestet. Während beim ersten Anwendungsfall (Großserienfertigung) die automatische Datenerfassung umgesetzt wurde, hat eine Simulation der zweiten Anwendung (Kleinserienfertigung) Maschinendaten auf Basis von manuellen Erfassungen von realen Produktionsdaten generiert. Um das Verhalten des Systems über lange Zeitperioden zu testen, wurde ebenfalls eine Simulation verwendet. Die Systembewertung zeigte, dass periodische Pausenzeiten sogar bei hoch ausgelasteten Werkzeugmaschinen identifiziert werden können. Allerdings empfiehlt das System solche Pausenzeiten an den Maschinenbetreiber bzw. -bediener nicht weiter, wenn das Risiko von Produktionsstörungen durch das Selbstoptimierungssystem entsprechend hoch bewertet ist. So wie beim ersten realisierten Selbstoptimierungssystem ist das Einsparpotenzial dieser Methode schwer zu beziffern, denn es hängt von vielen Faktoren ab, wie den Produktionsbedingungen und der Konfiguration der Maschine (z. B. der vorhandenen Energiemodi). Bei einer Drehmaschine in der Kleinserienfertigung mit fünf Arbeitstagen und jeweils zwei Arbeitsschichten wurde z. B. eine Energieeinsparung von ca. 7 Prozent erreicht.

Abschließend wurden, um die verschiedenen Aspekte der Applikation selbstoptimierender Werkzeugmaschinen zu analysieren, in dieser Arbeit die Anwendungspotenziale bei vier unterschiedlichen Fertigungstypen bewertet. Dazu wurden die möglichen Teilnehmer und ihre Aufgaben bei der Umsetzung und Anwendung des Systems diskutiert.

Die Akzeptanz der selbstoptimierenden Werkzeugmaschine wird in Zukunft vor allem von der Verlässlichkeit des Systems abhängen. Aus diesem Grund wurden die Wechselwirkungen des Energiemanagements sowohl mit der Sicherheitstechnik als auch mit der Zuverlässigkeit in Form von Beispielen kurz untersucht. Weitere Analysen in diesem Bereich sind eine wesentliche Voraussetzung für den wirtschaftlichen Nutzen durch den Einsatz des selbstoptimierenden Systems und legen daher den nächsten Forschungsbedarf fest. Eine ganzheitliche Betrachtung ist hierfür erforderlich, denn die Energieeffizienz darf nicht auf Kosten von Ausfällen maximiert werden, die aufgrund mangelnder Zuverlässigkeit oder unsicherer Arbeitsbedingungen eintreten.

Die zukünftigen Weiterentwicklungen von Selbstoptimierungssystemen zur Steigerung der Effizienz von Werkzeugmaschinen sollen nicht nur die Optimierung des Energieverbrauchs als Ziel haben, sondern sich ebenfalls mit weiteren Perspektiven der Produktionstechnik befassen. Ein Beispiel dafür wird im Rahmen des EU-Forschungsprojekts *Self-Learning Production Systems* bereits erforscht. Hierbei wird die automatische Analyse von Produktionsverläufen, welche in dieser Arbeit beschrieben wurde, sowohl für die Energieeinsparung als auch für die Terminierung von Aktivitäten der präventiven Instandhaltung verwendet.

Die bisherigen Entwicklungen im Bereich Energiemanagement von Werkzeugmaschinen haben ausschließlich das Monitoring und die Bewertung des Energieverbrauchs sowie die statische reaktive Ansteuerung (z. B. nach dem Time-out-Prinzip) von Maschinen erreicht. Der Hauptbeitrag der vorliegenden Arbeit war die Konzeption und die Umsetzung von neuen Methoden, die das Schließen eines automatisierten Optimierungskreislaufes erzielen und somit ein intelligentes und flexibles Energiemanagement von Werkzeugmaschinen ermöglichen. Hiermit wurde ein Beitrag zur Senkung der Produktionskosten und zum nachhaltigen Einsatz von Werkzeugmaschinen geleistet.

Anhang A

Technischen Daten der verwendeten Werkzeugmaschinen

A.1 Bearbeitungszentrum BA S03-11 ®

Die Werkzeugmaschine BA S03-11® von der Firma Schwäbische Werkzeugmaschinen GmbH verfügt über eine Hauptspindel und fünf Achsen. Mit den linearen Vorschubachsen X, Y, Z lässt sich die Spindel in kartesischen Koordinaten verfahren. Die C-Achse ist die Drehachse des Maschinentisches und die A-Achse ermöglicht es, den Tisch der Maschine zu schwenken. Aufgrund seiner Konstruktion eignet sich dieses Bearbeitungszentrum für die Trockenbearbeitung von Werkstücken und die Bearbeitung von schwierigen Formen. Dieses Modell ist außerdem sehr gut für die Einzel- oder Kleinserienfertigung geeignet.

Die maximale Stromaufnahme der Maschine beträgt 63 A pro Phase. Die Netzanschlussspannung beträgt 3 x 400 V bei einer Frequenz von 50 Hz, wodurch sie über eine Scheinleistung von 48 kVA verfügt. Weitere technische Daten des Bearbeitungszentrums sind in Tabelle A.1 zusammengefasst.

Tabelle A.1: *Technische Daten des Bearbeitungszentrums BA S03-11® (Einplatz-Version)*

Arbeitsbereich	
X-Achse	600 mm
Y-Achse (Werkzeugwechsel)	400 mm (650 mm)
Z-Achse	400 mm
Arbeitsspindel	
Drehzahlbereich	1 – 17.500 min^{-1}
Vorschubgeschwindigkeit	
Eilgang X, Y, Z	1 – 75.000 mm/min
max. Beschleunigung X, Y, Z	12 m/s^2
max. Ruck X, Y, Z	80 m/s^3
max. Vorschubkraft X, Y, Z	4,5 kN
Antriebsleistung	
Leistung	15,5 kW
max. Drehmoment	72 Nm

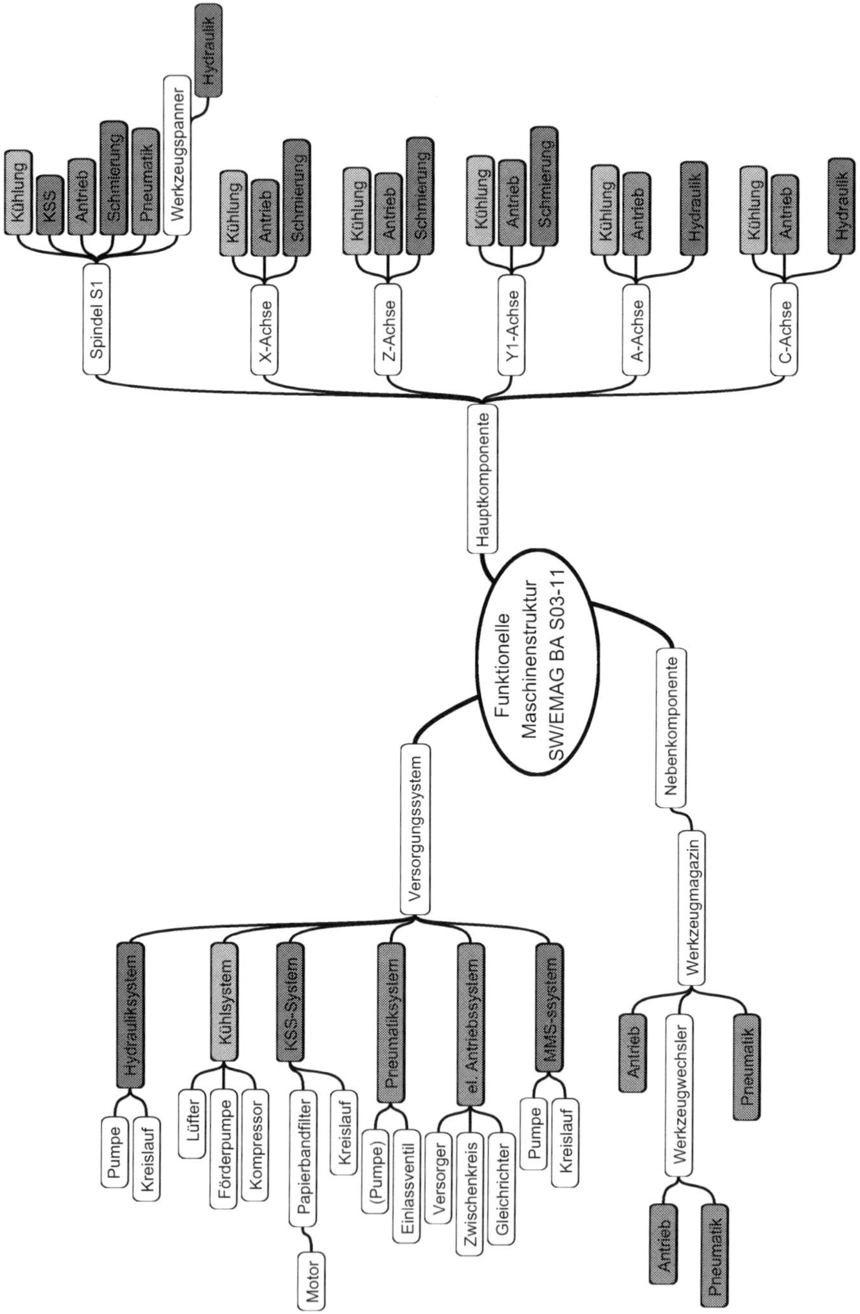

Abbildung A.1: *Darstellung der fuktionellen Maschinenstruktur des Bearbeitungszentrums BA S03-11.*

A.2 Horizontal-Bearbeitungszentrum DMC 80 H duoBLOCK ®

Das Horizontal-Bearbeitungszentrum DMC 80 H duoBLOCK der Firma Deckel Maho wurde für die Bearbeitung anspruchsvolle Bauteile in der Serienfertigung entwickelt. Untersuchungen im Rahmen des Forschungsprojekts NCplus[1] haben gezeigt, dass diese Werkzeugmaschine eine durchschnittliche Leistungsaufnahme von ca. 9 kW aufweist, wobei die größten Verbraucher die Hauptspindel, die KSS-Anlage und das Kühlsystem sind.

Tabelle A.2: *Technische Daten des Bearbeitungszentrums DMC 80 H duoBLOCK®*

Arbeitsbereich	
X-Achse	800 mm
Y-Achse	800 mm
Z-Achse	800 mm
Arbeitsspindel	
Drehzahlbereich	1 – 10.000 min^{-1}
Vorschubgeschwindigkeit	
Eilgang X, Y, Z	1 – 60.000 mm/min
max. Beschleunigung X, Y, Z	7 m/s^2
max. Vorschubkraft X, Y, Z	13, 10, 13 kN
Antriebsleistung	
Leistung	32 kW
max. Drehmoment	187 Nm
Werkzeugwechsler	
Span-zu-Span-Zeit	3,9 s

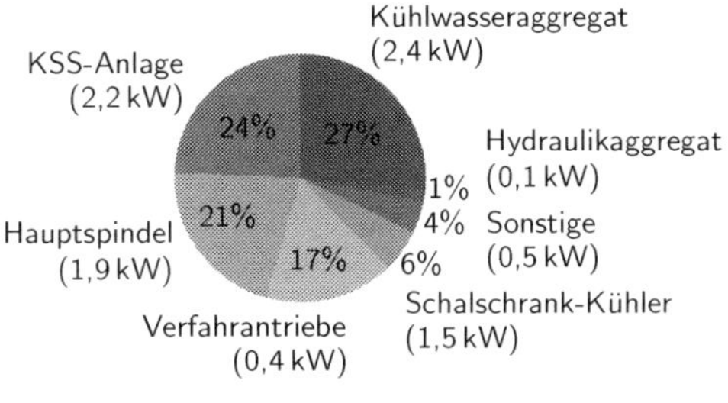

Abbildung A.2: *Mittlere Leistungsaufnahme bei einem Referenzprozess im Rahmen des NCplus Projekts.*

[1]Das Forschungsprojekt NCplus – Prozess- und wertschöpfungsorientiert gesteuerte Werkzeugmaschine – wurde vom Bundesministerium für Bildung und Forschung (BMBF) im Rahmenkonzept „Forschung für die Produktion von morgen" gefördert.

A.3 Drehmaschine Gildemeister CTX 400 Serie 2 ®

Die Drehmaschine CTX 400 Serie 2 der Firma Gildemeister wurde für die Bearbeitung komplexer Drehteile im Werkstattbereich konzipiert. Sie verfügt über Reitstock, Späneförderer, Futter und Vollspanneinrichtung.

Tabelle A.3: *Technische Daten der Drehmaschine Gildemeister CTX 400 ®*

Arbeitsbereich	
X-Achse	250 mm
Z-Achse	635 mm
Umlaufdurchmesser über Bettbahnabdeckung	505 mm
Umlaufdurchmesser über Planführungsabdeckung	290 mm
Arbeitsspindel	
Drehzahlbereich	25 – 5.000 min^{-1}
Vorschubgeschwindigkeit	
Eilgang X	10 m/min
Eilgang Z	15 m/min
Antriebsleistung	
Leistung	22 kW
max. Drehmoment	420 Nm
Werkzeugwechsler	
Revolverschaltzeit pro Station	0,8 s

A.4 Drehmaschine Gildemeister CTV 200 ®

Die CTV 200 der Firma Gildemeister ist eine Vertikal-Drehmaschine. Sie kann sowohl in der Groß- als auch in der Kleinserienfertigung eingesetzt werden. Sie verfügt über einen Linearantrieb in der X-Achse und erreicht somit Beschleunigungen von bis zu $1\,g$. Diese Drehmaschine enthält zwei Werkstückspuren für das Be- und Entladen und kann in hochproduktive Fertigungszelle verkettet werden.

Tabelle A.4: *Technische Daten der Drehmaschine Gildemeister CTV 200 ®*

Arbeitsbereich	
X-Achse (Plan-/Transferhub)	1.100 mm
Z-Achse (Längshub)	300 mm
Spannfutterdurchmesser	200 mm
Arbeitsspindel	
Drehzahlbereich	20 – 7.000 min^{-1}
Vorschubgeschwindigkeit	
Eilgang X	100 m/min
Eilgang Z	45 m/min
Antriebsleistung	
Leistung	33 kW
max. Drehmoment	213 Nm

Anhang B

Softwaremodellierung des Selbstoptimierungssystems

B.1 Versorger-Controller

Zur Entwicklung des Versorger-Controllers wurden zunächst die Beziehungen zwischen Operationen und Versorgungssystemen mithilfe eines UML-Klassendiagramms modelliert (Abbildung B.1). Der eigene Ablauf und Aufbau des Versorger-Controllers ist in Form eines Aktivitätendiagramms in Abbildung B.2 zu sehen.

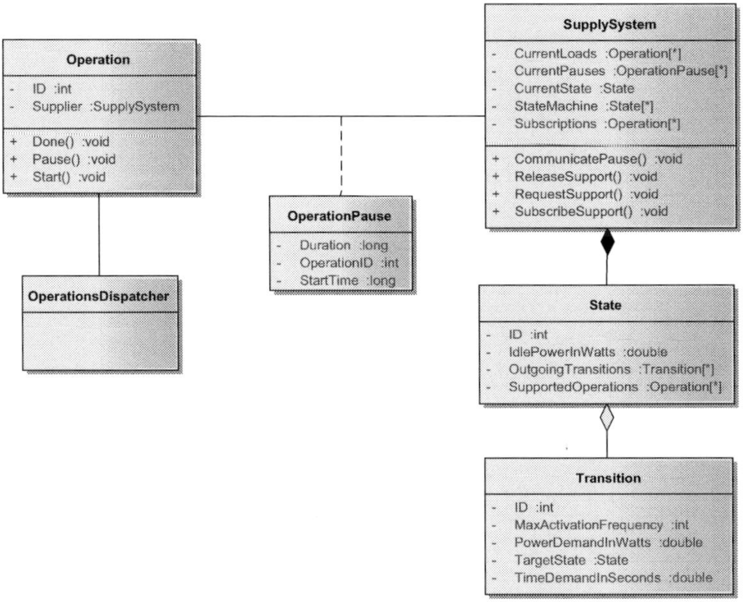

Abbildung B.1: *Klassendiagramm des Versorger-Controllers.*

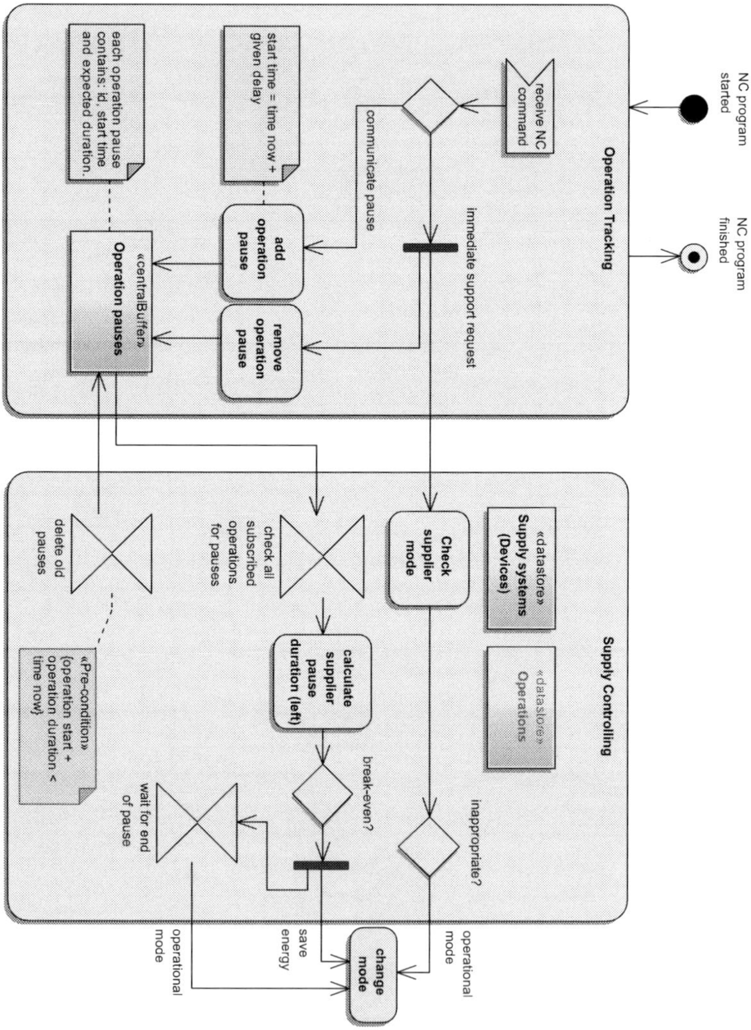

Abbildung B.2: *Aktivitätendiagramm des Versorger-Controllers in der SPS.*

B.2 Selbstoptimierung der Energieversorgung

Abbildung B.3 zeigt ein Anwendungsfalldiagramm für die Nutzung des Selbstoptimierungssystems mit Hilfe der HMI am Bedienfeld der Maschinensteuerung. Der Aufbau des kompletten Selbstoptimierungssystems für die Energieversorgung von Maschinenkomponenten ist in Form eines Verteilungsdiagramms in Abbildung B.4 dargestellt.

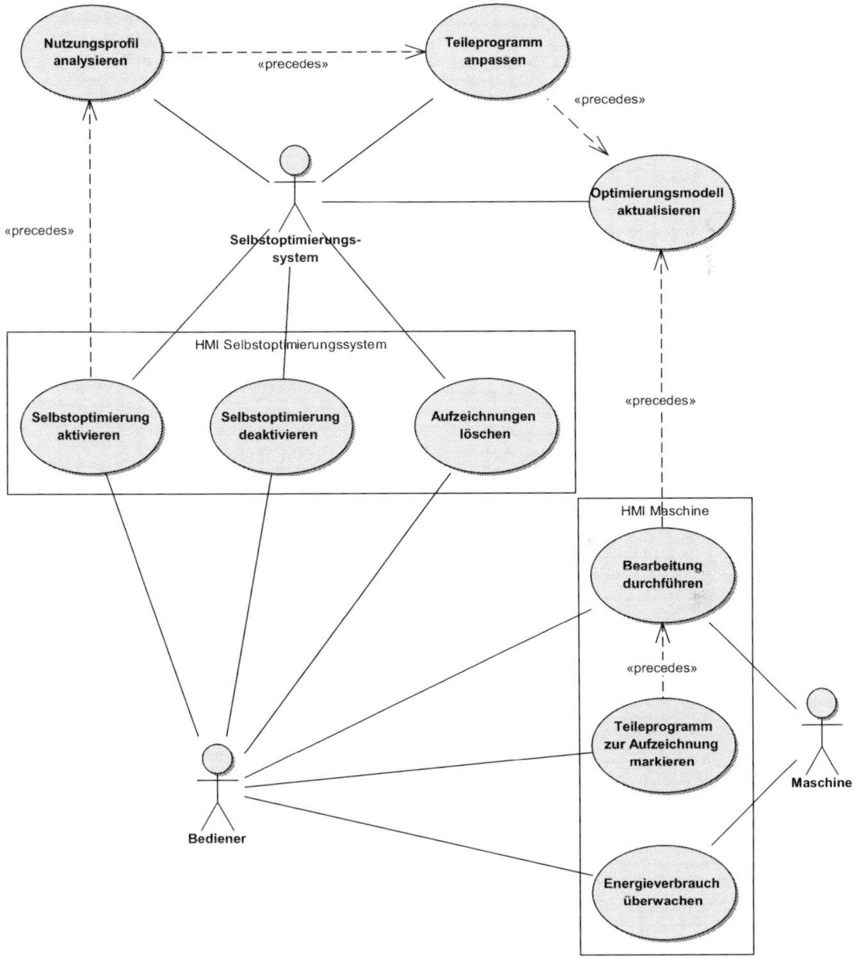

Abbildung B.3: *Anwendungsfalldiagramm der HMI des Selbstoptimierungssystems für die Energieversorgung von Maschinenkomponenten.*

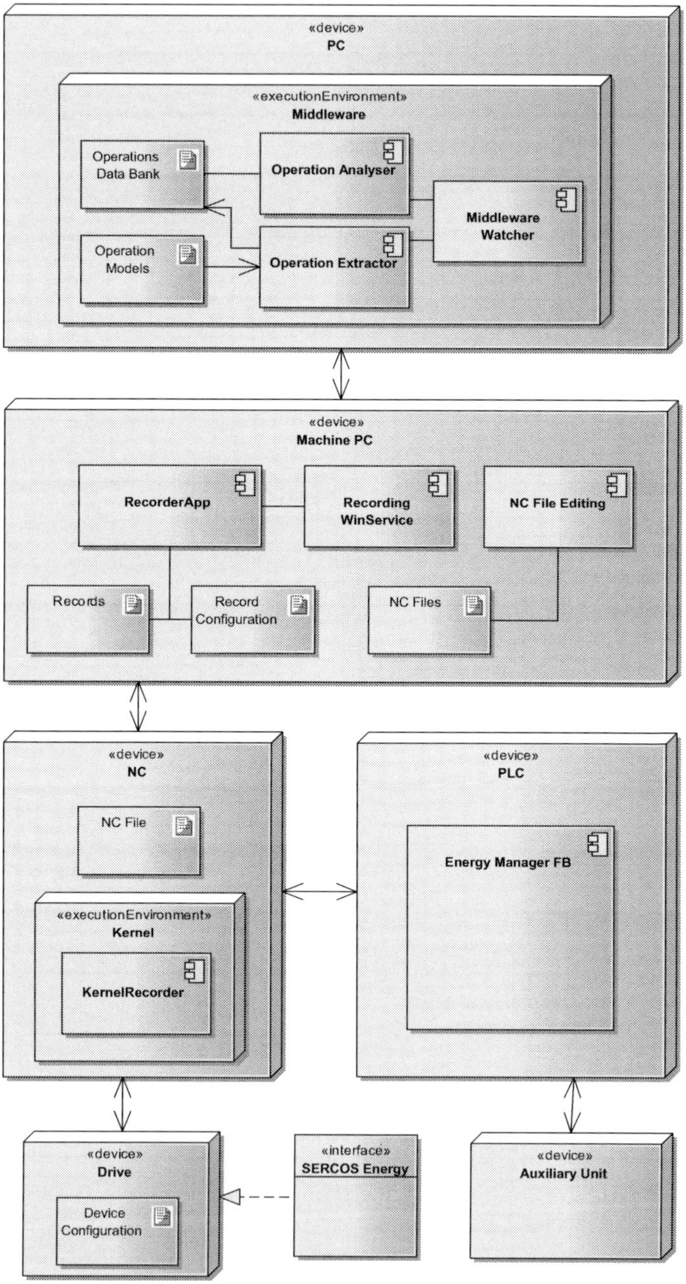

Abbildung B.4: *Verteilungsdiagramm des Selbstoptimierungssystems für die Energieversorgung von Maschinenkomponenten.*

B.3 Datenspeicherung und -austausch

Die PC-seitigen Anwendungen des Selbstoptimierungssystems verfügen über eine gemeinsame Ordnerstruktur im Dateisystem des IPCs (Abbildung B.5). In dieser Struktur werden sowohl die Konfigurations- und Modell-Dateien als auch die Aufzeichnungsdateien sowie die Modelle von Nutzungsprofilen gespeichert.

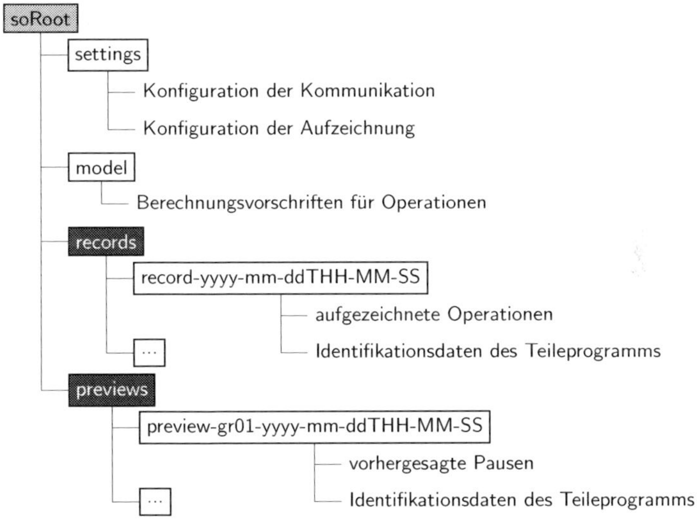

Abbildung B.5: *Struktur der Ordner zur Speicherung von Konfigurationen, Aufzeichnungen und Nutzungsprofilen.*

Im Ordner „records" werden untergeordnete Ordner für die jeweiligen Aufzeichnungen erzeugt. Jede Aufzeichnung besitzt einen eigenen Ordner, der mit dem entsprechenden Datum und Uhrzeit versehen wird. Somit lassen sich die Aufzeichnungen einfach verwalten und gegebenenfalls löschen (z. B. nach einer Umrüstung der Maschine).

Der Ordner „previews" verfügt, ähnlich wie „records", über untergeordnete Ordner, welche die jeweiligen Modelle von Nutzungsprofilen beinhalten. Ein besonderes Merkmal der Benennung dieser Ordner ist das Durchnummerieren der Gruppe, die den Teileprogrammen eindeutig zugeordnet sind.

Die Ausgabe der Berechnung der Operationen beinhaltet eine Liste von Operationseintritten, die jeweils eine Identifikationsnummer, die Beginn- und die Endzeit (beide in Millisekunden) enthalten, und werden in Form einer XML-Datei im Ordner „records" gespeichert (Auflistung B.1).

Am Ende der Modellbildung wird das vorhergesagte Nutzungsprofil auf Basis von Pausenzeiten beschrieben und in Form einer XML-Datei im Ordner „previews" gespeichert (Auflistung B.2).

Auflistung B.1: *XML Schema für das Ergebnis der Berechnung von Maschinenoperationen*

```
<?xml version="1.0"?>
<xs:schema>
<xs:element name="ArrayOfOperationRecord">
  <xs:complexType>
    <xs:sequence>
      <xs:element name="OperationRecord">
        <xs:complexType>
          <xs:sequence>
            <xs:element name="OperationID" type="xs:integer"/>
            <xs:element name="BeginTime" type="xs:nonNegativeInteger"/>
            <xs:element name="EndTime" type="xs:nonNegativeInteger"/>
          </xs:sequence>
        </xs:complexType>
      </xs:element>
    </xs:sequence>
  </xs:complexType>
</xs:element>
</xs:schema>
```

Auflistung B.2: *XML Schema für das Ergebnis der Analyse der Nutzungsprofile (Modell)*

```
<?xml version="1.0"?>
<xs:schema>
<xs:element name="ArrayOfOperationPausePreview">
  <xs:complexType>
    <xs:sequence>
      <xs:element name="OperationRecord">
        <xs:complexType>
          <xs:sequence>
            <xs:element name="OperationID" type="xs:integer"/>
            <xs:element name="TimeToPause" type="xs:nonNegativeInteger"/>
            <xs:element name="PauseDuration" type="xs:nonNegativeInteger"/>
          </xs:sequence>
        </xs:complexType>
      </xs:element>
    </xs:sequence>
  </xs:complexType>
</xs:element>
</xs:schema>
```

Anhang C

Daten und Verteilungen der Simulation eines Fertigungsbetriebs

Das simulierte Szenario basierte auf der manuellen Datenerfassung bei einer Kleinserienfertigung mit einer Drehmaschine vom Typ CTX 400 (s. Anhang A.3). Die Simulation beschreibt das Verhalten der Werkzeugmaschine, des Maschinenbedieners und des Monitoring-Systems. Während der Produktionszeit bereitet der Maschinenbediener die Drehmaschine vor und spannt das Werkstück manuell auf. Die Entladung der Maschine wird auch durch den Menschen durchgeführt.

Das Monitoring-System überwacht die Steuerungszustände der Werkzeugmaschine mit einer Abtastperiode von 10 Sekunden und speichert die Daten für die anschließende Analyse.

C.1 Betriebszeiten

Die Simulation umfasst einen Zweischichtbetrieb. Die Frühschicht beginnt um 6 Uhr und endet um 14 Uhr. Die zweite Schicht beginnt um 14 Uhr und dauert bis 22 Uhr. Arbeitstage sind montags bis freitags. Am Wochenende wird nicht gearbeitet und Feiertage wurden nicht simuliert.

Die Maschinenbediener haben 45 Minuten Pause pro Schicht. Während der Frühschicht beginnt die erste Pause um 9 Uhr und dauert 15 Minuten. Die zweite Pause findet um 11:50 Uhr statt und dauert 30 Minuten. Während der Spätschicht beginnt die erste Pause um 17 Uhr und dauert 15 Minuten und die Zweite wird zwischen 19:50 und 20:20 Uhr eingelegt.

C.2 Wahrscheinlichkeitsverteilungen

Tabelle C.1: *Wahrscheinlichkeitsverteilungen für die Aufgaben der Maschine.*

Operation	Verteilung	Werten [s]
NC-Programm interpretieren	Gleichverteilung	min=1, max=3
NC-Programm bearbeiten	Dreiecksverteilung	a=240, b=242, c=240
Maschine rücksetzen	Gleichverteilung	min=1, max=3

Die ungeplanten Pausen werden vom Maschinenbediener nach der Bearbeitung eines Werkstücks mit einer Wahrscheinlichkeit von 10 Prozent eingelegt.

Tabelle C.2: *Wahrscheinlichkeitsverteilungen für die Aufgaben des Bedieners.*

Operation	Verteilung	Werten [s]
Maschine beladen	Gleichverteilung	min=10, max=15
Maschine entladen	Gleichverteilung	min=10, max=30
NC-Programm auswählen	Gleichverteilung	min=1, max=5
Schicht beginnen	Gleichverteilung	min=30, max=60
Ungeplante Pause	Gleichverteilung	min=180, max=420
Zeit nach der Pause	Gleichverteilung	min=30, max=90

C.3 Arbeitsschritte des Maschinenbedieners

Beim Schichtbeginn

1. Arbeitsplatz vorbereiten;
2. Maschinensteuerung vorbereiten;
3. Warten bis die Maschine bereit ist.

Während der Produktionszeit

1. Maschine und Werkstück rüsten;
2. Maschinensteuerung in den Automatikbetrieb versetzen;
3. NC-Programm auswählen;
4. Warten bis die Maschine bereit ist;
5. NC-Programm starten;
6. Maschine während der Bearbeitung überwachen;
7. Maschine entladen;
8. Ungeplante Pause eventuell einlegen;
9. Überprüfen, ob es noch genug Zeit für eine nächste Bearbeitung gibt;
10. Arbeitsschritte für das nächste bearbeitete Werkstück wiederholen.

Beim Schichtende

1. Maschine in Stillstand setzen.

C.4 UML-Modellierung

Die Simulation wurde in *Python* mithilfe der Bibliothek *SimPy* objektorientiert implementiert. Das Klassendiagramm in Abbildung C.1 stellt den Aufbau der Simulationssoftware dar.

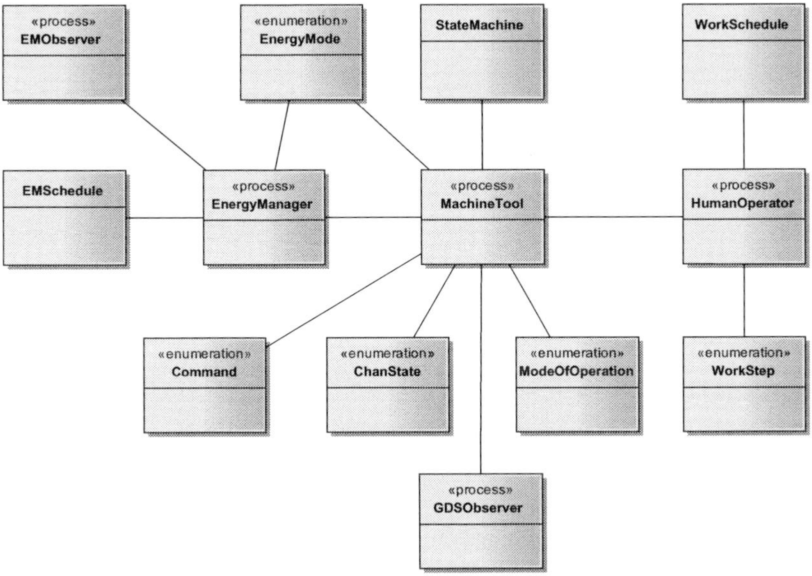

Abbildung C.1: *Klassendiagramm des Simulationsprogramms.*

Literaturverzeichnis

[20110] *PROFIenergy – Common Application Profile*, Tech. report, January 2010.

[Age11] International Energy Agency, *Key World Energy Statistics*, Paris, 2011.

[AKR10a] E. Abele, B. Kuhrke, and S. Rothenbücher, *Entwicklungstrends zur Erhöhung und Bewertung der Energieeffizienz spanender Werkzeugmaschinen*, 1. Internationales Kolloquium des Spitzentechnologieclusters eniPROD (R. Neugebauer, ed.), Technische Universität Chemnitz, Fraunhofer IWU, June 2010, pp. 99–120.

[AKR10b] ______, *Maximierung der Energieeffizienz von Werkzeugmaschinen*, MM Maschinen-Markt (2010), no. 9, 26–29.

[Alp09] Ethem Alpaydin, *Introduction to Machine Learning (Adaptive Computation and Machine Learning series)*, second edition ed., The MIT Press, December 2009.

[ALR01] A. Avizienis, J. Laprie, and B. Randell, *Fundamental Concepts of Dependability*, 2001.

[ASKS08] Aman Aggarwal, Hari Singh, Pradeep Kumar, and Manmohan Singh, *Optimizing power consumption for CNC turned parts using response surface methodology and Taguchi's technique - A comparative analysis*, Journal of Materials Processing Technology **200** (2008), no. 1-3, 373–384.

[ASSR11] E. Abele, T. Sielaff, A. Schiffler, and S. Rothenbücher, *Analyzing Energy Consumption of Machine Tool Spindle Units and Identification of Potential for Improvements of Efficiency Glocalized Solutions for Sustainability in Manufacturing*, Glocalized Solutions for Sustainability in Manufacturing (Jürgen Hesselbach and Christoph Herrmann, eds.), Springer Berlin Heidelberg, Berlin, Heidelberg, 2011, pp. 280–285.

[AST99] ASTM E 1049-85 (Reapproved 1997), *Standard practices for cycle counting in fatigue analysis*, Tech. report, Philadelphia, 1999.

[AX11] Oliver I. Avram and Paul Xirouchakis, *Evaluating the use phase energy requirements of a machine tool system*, Journal of Cleaner Production **19** (2011), no. 6-7, 699–711.

[BAAG11] M. A. Behrang, E. Assareh, M. R. Assari, and A. Ghanbarzadeh, *Assesment of Eletricity Demand in Iran's Industrial Sector Using Different Intelligent Optimization Techniques*, Applied Artificial Intelligence **25** (2011), no. 4, 292–304.

[BBK+09] C. Brecher, W. Boos, W. Klein, K. Kuhlmann, and J. Triebs, *Ressourceneffizienzbewertung einer Werkzeugmaschine zur Steigerung ihrer Wirtschaftlichkeit*, Werkzeugmaschinen ZWF (2009), no. 9, 711–715.

[BBS+11] José L. Bittencourt, Ralf Bonefeld, Sebastian Scholze, Dragan Stokic, M. Kamal Uddin, and J. L. Martinez Lastra, *Energy efficiency improvement through context sensitive self-learning of machine availability*, 9th IEEE International Conference on Industrial Informatics (Caparica, Portugal), Universidade Nova de Lisboa, IEEE, July 2011, pp. 93–98.

[BGBG11] Annett Bierer, Uwe Götze, Annett Bierer, and Uwe Götze, *A Target Costing-Based Approach for Design to Energy Efficiency Glocalized Solutions for Sustainability in Manufacturing*, Glocalized Solutions for Sustainability in Manufacturing (Jürgen Hesselbach, Christoph Herrmann, Jürgen Hesselbach, and Christoph Herrmann, eds.), Springer Berlin Heidelberg, Berlin, Heidelberg, 2011, pp. 635–640.

[BGJ$^+$09] Bernd Bertsche, Peter Göhner, Uwe Jensen, Wolfgang Schinköthe, and Hans-Joachim Wunderlich, *Zuverlässigkeit mechatronischer Systeme: Grundlagen und Bewertung in frühen Entwicklungsphasen*, 1 ed., Springer, March 2009.

[BHH$^+$10] C. Brecher, W. Herfs, C. Heyers, W. Klein, J. Triebs, E. Beck, and T. Dorn, *Ressourceneffizienz von Werkzeugmaschinen im Fokus der Forschung*, wt Werkstattstechnik online (2010), no. 7/8, 559–564.

[BL09] T. Bürger and G. Landgraf, *Verfahren und Vorrichtung zur Analyse des Energieverbrauches einer Maschine*, 2009.

[BLB$^+$10] José Bittencourt, G. Landgraf, R. Bonefeld, Robert Schmitt, and Alberto X. Pavim, *Model-based monitoring of machine tools energy consumption*, Proceedings of the ICMC 2010 International Chemnitz Manufacturing Colloquium Sustainable Production for Resource Efficiency and Ecomobility, Verlag Wissenschaftliche Scripten, 2010, pp. 673–680.

[CBB$^+$02] Eui Y. Chung, Luca Benini, Alessandro Bogliolo, Yung H. Lu, and Giovanni De Micheli, *Dynamic Power Management for Nonstationary Service Requests*, IEEE Transactions on Computers **51** (2002), no. 11, 1345–1361.

[CBDM99] Eui Y. Chung, Luca Benini, and Giovanni De Micheli, *Dynamic Power Management Using Adaptive Learning Tree*, Computer-Aided Design, International Conference on **0** (1999), 274+.

[CT10] Alessandro Cannata and Marco Taisch, *Introducing Energy Performances in Production Management: Towards Energy Efficient Manufacturing Advances in Production Management Systems. New Challenges, New Approaches*, IFIP Advances in Information and Communication Technology, vol. 338, Springer Boston, Berlin, Heidelberg, 2010, pp. 168–175.

[Dav08] J. P. Davim, *Machining: Fundamentals and Recent Advances*, 2nd printing. ed., Springer, November 2008.

[DDD$^+$07] Tom Devoldere, Wim Dewulf, Wim Deprez, Barbara Willems, and Joost R. Duflou, *Improvement Potential for Energy Consumption in Discrete Part Production Machines Advances in Life Cycle Engineering for Sustainable Manufacturing Businesses*, Advances in Life Cycle Engineering for Sustainable Manufacturing Businesses (Shozo Takata and Yasushi Umeda, eds.), Springer London, London, 2007, pp. 311–316.

[Des09] Bernard Desruisseaux, *Internet Calendaring and Scheduling Core Object Specification (iCalendar)*, Tech. Report 5545, RFC Editor, Fremont, CA, USA, September 2009.

[DG04] Jeffrey B. Dahmus and Timothy G. Gutowski, *An Environmental Analysis of Machining*, ASME Conference Proceedings **2004** (2004), no. 47136, 643–652.

[DHK$^+$09] Alessandro Dell'Aere, Martin Hirsch, Benjamin Klöpper, Markus Koester, Alexander Krupp, Martin Krüger, Thomas Müller, Simon Oberthür, Sebastian Pook, Claudia Priesterjahn, Christoph Romaus, Alexander Schmidt, Christoph Sondermann-Wölke, Matthias Tichy, Henner Voecking, and Detmar Zimmer, *Verlässlichkeit selbstoptimierender*

Systeme. Potenziale nutzen und Risiken vermeiden, no. 235,, HNI Verlagsschriftenreihe, Paderborn, 2009.

[Die03] T. G. Dietterich, *Machine Learning*, Nature Encyclopedia of Cognitive Science (2003).

[DK09] W. Dangelmaier and B. Klöpper, *Verhaltensplanung für mechatronische Systeme: Planung als Funktion in selbstoptimierenden Systemen*, wt Werkstattstechnik online **3** (2009), 123–129.

[DMH+11] B. Denkena, H. C. Möhring, F. Hackelöer, L. Hülsemeyer, D. Dahlmann, E. Augenstein, J. Nelles, and A. Grigoleit, *Effiziente Fluidtechnik für Werkzeugmaschinen*, 2011.

[Dor10] D. A. Dornfeld, *Sustainable Manufacturing - Greening Processes, Systems and Products*, Proceedings of the ICMC Sustainable Production for Resource Efficiency and Ecomobility. (Reimund Neugebauer, ed.), Fraunhofer Institute for Machine Tools and Forming Technology, Verlag Wissenschaftliche Scripten, September 2010.

[DR06] Gaurav Dhiman and Tajana S. Rosing, *Dynamic power management using machine learning*, Proceedings of the 2006 IEEE/ACM international conference on Computer-aided design (New York, NY, USA), ICCAD '06, ACM, 2006, pp. 747–754.

[DR09] Gaurav Dhiman and Tajana Š. Rosing, *System-level power management using online learning*, Trans. Comp.-Aided Des. Integ. Cir. Sys. **28** (2009), no. 5, 676–689.

[Dra03] F. Draganescu, *Models of machine tool efficiency and specific consumed energy*, Journal of Materials Processing Technology **141** (2003), no. 1, 9–15.

[DRD11] Nancy Diaz, Elena Redelsheimer, and David Dornfeld, *Energy Consumption Characterization and Reduction Strategies for Milling Machine Tool Use*, Glocalized Solutions for Sustainability in Manufacturing (Jürgen Hesselbach and Christoph Herrmann, eds.), Springer Berlin Heidelberg, Berlin, Heidelberg, 2011, pp. 263–267.

[DV08] A. Dietmair and A. Verl, *Energy consumption modeling and optimization for production machines*, 2008 IEEE International Conference on Sustainable Energy Technologies, IEEE, November 2008, pp. 574–579.

[DV09a] ———, *A generic energy consumption model for decision making and energy efficiency optimisation in manufacturing – Research Article*, International Journal of Sustainable Engineering **2** (2009), no. 2, 123–133.

[DV09b] ———, *Energy Consumption Forecasting and Optimisation For Tool Machines*, MM Science Journal (2009), 63–67.

[DV09c] ———, *Energy Forecasting and Optimisation for Tool Machines*, Modern Machinery Science Journal (2009), no. March, 62–67.

[DV10] ———, *Energieeffizienter Betrieb von Produktionsanlagen*, 1. Internationales Kolloquium des Spitzentechnologieclusters eniPROD (R. Neugebauer, ed.), Technische Universität Chemnitz, Fraunhofer IWU, June 2010, pp. 185–206.

[DVW08] A. Dietmair, A. Verl, and M. Wosnik, *Zustandsbasierte Energieverbrauchsprofile - Eine Methode zur effizienten Erfassung des Energieverbrauchs von Produktionsmaschinen*, wt Werkstattstechnik online **Jahrgang 9** (2008), 640–645.

[Ene11] AG Energiebilanzen, *Anwendungsbilanzen für die Endenergiesektoren in Deutschland in den Jahren 2009 und 2010*, Berlin, November 2011.

[Ert08] Wolfgang Ertel, *Grundkurs Künstliche Intelligenz*, Vieweg Friedr. + Sohn Ver, January 2008.

[ESA11] Christian Eisele, Sebastian Schrems, and Eberhard Abele, *Energy-Efficient Machine Tools through Simulation in the Design Process*, Glocalized Solutions for Sustainability in Manufacturing (Berlin, Heidelberg) (Jürgen Hesselbach and Christoph Herrmann, eds.), Springer Berlin Heidelberg, 2011, pp. 258–262.

[Fah10] Christian Fahrbach, *Energieeffiziente Antriebs- und Steuerungstechnik : intelligente Maschinen- und Anlagenkonzepte für die Fertigung*, Süddt. Verl. onpact, 2010.

[Fel10] Max Felser, *Standby für Roboter*, August 2010.

[FGK+04] Ursula Frank, Holger Giese, Florian Klein, Oliver Oberschelp, Andreas Schmidt, Bernd Schulz, Henner Vöcking, and Katrin Witting, *Selbstoptimierende Systeme des Maschinenbaus: Definitionen und Konzepte*, vol. Auflage 1, Universität Paderborn Heinz Nixdorf Inst., 2004.

[FGM+07a] Ursula Frank, Holger Giese, Thomas Müller, Simon Oberthür, Christoph Romaus, Matthias Tichy, and Henner Vöcking, *Potenziale und Risiken der Selbstoptimierung für die Verlässlichkeit mechatronischer Systeme*, 5. Paderborner Workshop Entwurf mechatronischer Systeme (Paderborn), vol. 210, HNI Verlagsschriftenreihe, 2007.

[FGM+07b] ———, *Potenziale und Risiken der Selbstoptimierung für die Verlässlichkeit mechatronischer Systeme*, Proc. of the Fifth Paderborner Workshop Entwurf mechatronischer Systeme, HNI-Verlagsschriftenreihe, March 2007.

[Fra12] Hermann Fraunhofer, *Method for adaptive feed control on numerically controlled machine tools*, Tech. Report European Patent No. EP1760562, January 2012.

[FUZS11] Kan Fang, Nelson Uhan, Fu Zhao, and John W. Sutherland, *A New Shop Scheduling Approach in Support of Sustainable Manufacturing*, Glocalized Solutions for Sustainability in Manufacturing (Jürgen Hesselbach and Christoph Herrmann, eds.), Springer Berlin Heidelberg, Berlin, Heidelberg, 2011, pp. 305–310.

[GAdMP09] Jürgen Gausemeier, Philipp Adelt, and Sonderforschungsbereich Selbstoptimierende Systeme des Maschinenbaus <Paderborn>, *Selbstoptimierende Systeme des Maschinenbaus Definitionen, Anwendungen, Konzepte*, Heinz-Nixdorf-Inst., 2009.

[Gau05] Jurgen Gausemeier, *From mechatronics to self-optimizing concepts and structures in mechanical engineering: new approaches to design methodology*, International Journal of Computer Integrated Manufacturing **18** (2005), no. 7, 550–560.

[GDT06] Timothy Gutowski, Jeffrey Dahmus, and Alex Thiriez, *Electrical Energy Requirements for Manufacturing Processes*, 13th CIRP International Conference on Life Cycle Engineering, May 2006.

[GFDK08a] J. Gausemeier, U. Frank, J. Donoth, and S. Kahl, *Spezifikationstechnik zur Beschreibung der Prinziplösung selbstoptimierender Systeme des Maschinenbaus (Teil 1)*, Konstruktion **Ausgabe 7/** (2008), 59–66.

[GFDK08b] ———, *Spezifikationstechnik zur Beschreibung der Prinziplösung selbstoptimierender Systeme des Maschinenbaus (Teil 2)*, Konstruktion **Ausgabe 9-** (2008), 91–108.

[GFS05] J. Gausemeier, U. Frank, and D. Steffen, *Entwicklung selbstoptimierender Systeme*, Konstruktion **57** (2005), no. 10, 67–74.

[GG11] T. Garber and H. Gronbach, *Analyse und Bewertung der Energieeffizienz von Werkzeugmaschinen*, Nachhaltige Produktion, 2011.

[GGD00] Lorna A. Greening, David L. Greene, and Carmen Difiglio, *Energy efficiency and consumption - the rebound effect - a survey*, Energy Policy **28** (2000), no. 6-7, 389–401.

[GKK+10] U. Götze, H. J. Koriath, A. Kolesnikov, R. Lindner, J. Paetzold, and C. Scheffler, *Energetische Bilanzierung und Bewertung von Werkzeugmaschinen*, 1. Internationales Kolloquium des Spitzentechnologieclusters eniPROD (R. Neugebauer, ed.), Technische Universität Chemnitz, Fraunhofer IWU, June 2010, pp. 157–184.

[GKR10] J. Gausemeier, S. Kahl, and R. Radkowski, *Selbstoptimierende Produkte - neue Perspektiven zur Steigerung derEnergieeffizienz*, 1. Internationales Kolloquium des Spitzentechnologieclusters eniPROD (R. Neugebauer, ed.), Technische Universität Chemnitz, Fraunhofer IWU, June 2010, pp. 641–656.

[Glo97] Rolf Gloor, *Energie-Effizienz im Maschinenbau - RAVEL im Maschinenbau*, Tech. Report Nr. 724.333 D, Gloor Engineering, January 1997.

[Gmb10] Chiron-Werke GmbH, *WarmUp - PowerSave*, 2010.

[Gos10] A. Gossner, *Energy Efficiency Global Perspective*, Proceedings of the ICMC 2010 International Chemnitz Manufacturing Colloquium Sustainable Production for Resource Efficiency and Ecomobility (R. Neugebauer, ed.), vol. 54, Verlag Wissenschaftliche Scripten, 2010, pp. 17–36.

[GW11] T. Garber and C. Weise, *Werkzeugmaschinen effizient steuern*, 2011.

[HB09] Torsten Henzelmann and Ralph Büchele, *Der Beitrag des Maschinen- und Anlagenbaus zur Energieeffizienz*, Strategy (2009), 1–66.

[HH09] Anja Hartmann and Wolfgang Huhn, *Wettbewerbsfaktor Energie – Neue Chancen für die deutsche Wirtschaft*, Frankfurt, April 2009.

[HLHH12] Shaohua Hu, Fei Liu, Yan He, and Tong Hu, *An on-line approach for energy efficiency monitoring of machine tools*, Journal of Cleaner Production **27** (2012), 133–140.

[HQ10] N. Hennes and M. Queins, *Machine Tools for a Cost-Effective Production - Highly Productive, Energy-Efficient and Sustainable*, Proceedings of the ICMC 2010 International Chemnitz Manufacturing Colloquium Sustainable Production for Resource Efficiency and Ecomobility (R. Neugebauer, ed.), vol. 54, Verlag Wissenschaftliche Scripten, 2010, pp. 51–66.

[HSB+11] C. Herrmann, S. H. Suh, G. Bogdanski, A. Zein, J. M. Cha, J. Um, S. Jeong, and A. Guzman, *Context-Aware Analysis Approach to Enhance Industrial Smart Metering*, Glocalized Solutions for Sustainability in Manufacturing (Jürgen Hesselbach and Christoph Herrmann, eds.), Springer Berlin Heidelberg, Berlin, Heidelberg, 2011, pp. 323–328.

[Ita11] Stéphane Itasse, *Universal-Werkzeugmaschinen machen flexibel*, MM MaschinenMarkt (2011).

[KBL11] S. Kara, G. Bogdanski, and W. Li, *Electricity Metering and Monitoring in Manufacturing Systems*, Glocalized Solutions for Sustainability in Manufacturing (Berlin, Heidelberg) (Jürgen Hesselbach and Christoph Herrmann, eds.), Springer Berlin Heidelberg, 2011, pp. 1–10.

[Kla11] Frithjof Klasen, *ProfiEnergy – die gemessene Einsparung*, computer-automation (2011), 32–37.

[KR08] Benjamin Kuhrke and Stefan Rothenbücher, *Vermeiden von Stand-by-Zeiten verbessert die Energieeffizienz von Maschinen*, July 2008.

[KSWRV09] Benjamin Klöpper, Christoph Sondermann-Wölke, Christoph Romaus, and Henner Voecking, *Probabilistic Planning Integrated in a Multi-level Dependability Concept for Mechatronic Systems*, 2009 IEEE Symposium on Computational Intelligence in Control and Automation, IEEE, IEEE, March 2009, pp. 104–111.

[Kuh11] Benjamin Kuhrke, *Methode zur Bewertung des Energie- und Medienbedarfs spanender Werkzeugmaschinen*, Ph.D. thesis, erschienen in der Schriftenreihe des PTW: Ïnnovation Fertigungstechnikïn epupli Verlagsgruppe Holtzbrinck , zugl. Diss. TU Darmstadt, 2011.

[Lap85] Jean-Claude Laprie, *Dependable Computing and Fault Tolerance: Concepts and terminology*, in Proc. 15th IEEE Int. Symp. on Fault-Tolerant Computing, 1985.

[Lap92] J. C. Laprie, *Dependability: Basic Concepts and Terminology*, Springer-Verlag, 1992.

[Lap95] ———, *Dependable Computing and Fault Tolerance: Concepts and Terminology*, vol. III, pp. 2–11, IEEE, 1995.

[LCv+00] Yung H. Lu, Eui Y. Chung, Tajana Šimunić, Luca Benini, and Giovanni De Micheli, *Quantitative comparison of power management algorithms*, Proceedings of the conference on Design, automation and test in Europe (New York, NY, USA), DATE '00, ACM, 2000, pp. 20–26.

[LZKH11] Wen Li, André Zein, Sami Kara, and Christoph Herrmann, *An Investigation into Fixed Energy Consumption of Machine Tools*, Glocalized Solutions for Sustainability in Manufacturing (Jürgen Hesselbach and Christoph Herrmann, eds.), Springer Berlin Heidelberg, Berlin, Heidelberg, 2011, pp. 268–273.

[MA06] Reinhard Madlener and Blake Alcott, *Energy rebound and economic growth: a review of the main issues and research needs*, Proceedings of the 5th International Biennial Workshop Advances in Energy Studies - Perspectives into Energy Future, 2006, pp. 12–16.

[MA07] ———, *Steigerung der Energieeffizienz: Problem oder Lösung?*, et Energiewirtschaftliche Tagesfragen **57.** (2007), no. 10.

[MELJ09] Egon Müller, Jörg Engelmann, Thomas Löffler, and Strauch Jörg, *Energieeffiziente Fabriken planen und betreiben*, 1 ed., Springer, August 2009.

[MFIO11] M. Mori, M. Fujishima, Y. Inamasu, and Y. Oda, *A study on energy efficiency improvement for machine tools*, CIRP Annals - Manufacturing Technology **60** (2011), no. 1, 145–148.

[MGK01] Hubertus Murrenhoff, Wolf-Dieter Goedecke, and Andreas Klein, *Steuerungstechnik und Mikrorechneranwendung in der Fluidtechnik*, Reihe Fluidtechnik, Shaker, 2001.

[Mit97] Tom M. Mitchell, *Machine Learning*, 1 ed., McGraw-Hill Science/Engineering/Math, March 1997.

[Mit06] ———, *The Discipline of Machine Learning*, Tech. report, School of Computer Science, Carnegie Mellon University, http://www.cs.cmu.edu/, July 2006.

[MJ08] B. Mecrow and A. Jack, *Efficiency trends in electric machines and drives*, Energy Policy **36** (2008), no. 12, 4336–4341.

[MLD09] Wolfgang Mahnke, Stefan-Helmut Leitner, and Matthias Damm, *OPC Unified Architecture*, Springer-Verlag, Berlin Heidelberg, 2009.

[MS89] H. Mrugowsky and D. Schmidt, *Qualitäts- und Zuverlässigkeitsprüfungen an Niederspannungsasynchronmaschinen*, 9. Symposium Elektromaschinenbau (Leipzig), 1989, pp. 72–81.

[Mur01] Hubertus Murrenhoff, *Grundlagen der Fluidtechnik - Teil 1: Hydraulik*, 4 ed., Shaker Verlag, 2001.

[NEM09] Robert Nisbet, John Elder, and Gary Miner, *Handbook of Statistical Analysis and Data Mining Applications*, 1 ed., Academic Press, June 2009.

[Net11] H. M. S. Industrial Networks, *Der schnelle Weg zu Profienergy*, Automation (2011), 18–21.

[Nie09] Adam Niesłony, *Determination of fragments of multiaxial service loading strongly influencing the fatigue of machine components*, Mechanical Systems and Signal Processing **23** (2009), no. 8, 2712–2721.

[Nor99] Norm DIN EN 61508, *Funktionale Sicherheit sicherheitsbezogener elektrischer/elektronischer/programmierbarer elektronischer Systeme, Teil 4: Begriffe und Abkürzungen*, Tech. report, 1999.

[Nor05a] Norm ANSI/ISA-95, *Enterprise-Control System Integration, Part 3: Models of Manufacturing Operations Management*, Tech. report, 2005.

[Nor05b] Norm IEC 60034-1:2004, *Drehende elektrische Maschinen – Teil 1: Bemessung und Betriebsverhalten*, Tech. report, Berlin, 2005.

[NWA10] J. Nelles, A. Wurm, and E. Augenstein, *Effiziente Werkzeugmaschine*, 2010.

[NWR+10] R. Neugebauer, M. Wabner, H. Rentzsch, P. Kocourek, and S. Ihlenfeldt, *Structure Principles of Energy Efficient Machine Tools*, 1. Internationales Kolloquium des Spitzentechnologieclusters eniPROD (R. Neugebauer, ed.), Technische Universität Chemnitz, Fraunhofer IWU, June 2010, pp. 207–229.

[Ous01] Y. Oussar, *How to be a gray box: dynamic semi-physical modeling.*, Neural Networks **14** (2001), no. 9, 1161–1172.

[Pat96] Murray G. Patterson, *What is energy efficiency?*, Energy Policy **24** (1996), no. 5, 377–390.

[Peh10] Martin Pehnt, *Energieeffizienz - Ein Lehr- und Handbuch*, 1 ed., Springer Verlag, 2010.

[Per08] Bozina Perovic, *Spanende Werkzeugmaschinen: Ausführungsformen und Vergleichstabellen*, 1 ed., Springer, April 2008.

[PRO11] *PI White Paper: Assessing PROFIenergy's Potential*, November 2011.

[Pru10] Peter Pruschek, *DMG AUTOshutdown*, DMG Electronics, October 2010.

[PS01] Tilo Pfeifer and Robert Schmitt, *Fertigungsmeßtechnik*, Oldenbourg, September 2001.

[PS11] Agnes Pechmann and Ilka Schöler, *Optimizing Energy Costs by Intelligent Production Scheduling*, Glocalized Solutions for Sustainability in Manufacturing (Jürgen Hesselbach and Christoph Herrmann, eds.), Springer Berlin Heidelberg, Berlin, Heidelberg, 2011, pp. 293–298.

[REF91] REFA, *Methodenlehre der Betriebsorganisation. Planung und Steuerung Teil 2*, Carl Hanser, München, August 1991.

[RRS+11] Thomas Reichel, Gudula Rünger, Daniel Steger, Uwe Frieß, and Markus Wabner, *Energy Data Acquisition and Utilization for Energy-Oriented Product Data Management*, Glocalized Solutions for Sustainability in Manufacturing (Jürgen Hesselbach and Christoph Herrmann, eds.), Springer Berlin Heidelberg, Berlin, Heidelberg, 2011, pp. 513–518.

[SBB11] Robert Schmitt, José L. Bittencourt, and Ralf Bonefeld, *Modelling Machine Tools for Self-Optimisation of Energy Consumption*, Glocalized Solutions for Sustainability in Manufacturing (Berlin, Heidelberg) (Jürgen Hesselbach and Christoph Herrmann, eds.), Springer Berlin Heidelberg, 2011, pp. 253–257.

[SBL10] Christopher M. Schlick, Ralph Bruder, and Holger Luczak, *Arbeitswissenschaft*, 3., vollst. überarb. u. erw. aufl. ed., Springer, Berlin, February 2010.

[SCB96] Mani B. Srivastava, Anantha P. Chandrakasan, and R. W. Brodersen, *Predictive system shutdown and other architectural techniques for energy efficient programmable computation*, IEEE Trans. Very Large Scale Integr. Syst. **4** (1996), 42–55.

[Sch09] Stefan Schweiger, *Lebenszykluskosten optimieren: Paradigmenwechsel für Anbieter und Nutzer von Investitionsgütern*, 2009 ed., Gabler Verlag, 2009.

[Sch10a] Jan Schlechtendahl, *Whitepaper SERCOS ENERGY*, April 2010.

[Sch10b] Dierk Schröder, *Intelligente Verfahren: Identifikation und Regelung nichtlinearer Systeme*, 1st edition. ed., Springer, June 2010.

[ser10] *SERCOS III Spezifikation – SERCOS Energy*, Tech. report, 2010.

[SHF+11] Karsten Schischke, Eckhard Hohwieler, Roberto Feitscher, Jens König, Nils F. Nissen, Paul Wilpert, and Sebastian Kreuschner, *Energy-Using Product Group Analysis - Machine tools and related machinery*, Tech. report, Fraunhofer Institute for Reliability and Microintegration, IZM, February 2011.

[Sim01] Tajana Simunic, *Energy efficient system design and utilization*, Ph.D. thesis, Stanford, CA, USA, 2001.

[Sis63] C. S. Siskind, *Electrical control systems in industry*, McGraw-Hill, 1963.

[SWB09] Marcus Schröter, Ute Weißfloch, and Daniela Buschak, *Energieeffizienz in der Produktion – Wunsch oder Wirklichkeit? (Modernisierung der Produktion, Fraunhofer ISI)*, Karlsruhe, November 2009.

[TLQ09] Ying Tan, Wei Liu, and Qinru Qiu, *Adaptive power management using reinforcement learning*, Proceedings of the 2009 International Conference on Computer-Aided Design (New York, NY, USA), ICCAD '09, ACM, 2009, pp. 461–467.

[TP97] Sebastian Thrun and Lorien Pratt, *Learning to Learn*, 1st ed., Springer, October 1997.

[TY07] G. Tso and K. Yau, *Predicting electricity energy consumption: A comparison of regression analysis, decision tree and neural networks*, Energy **32** (2007), no. 9, 1761–1768.

[Umw12] Umweltbundesamt, *Datenbasis zur Bewertung von Energieeffizienzmaßnahmen 2008 (Auswertung für das Jahr 2008)*, Dessau-Roßlau, 2012.

[UVM] Diana Ürge Vorsatz and Bert Metz, *Energy efficiency revisited: how far does it get us in controlling climate change?*, Energy Efficiency.

[VAH+11] Alexander Verl, Eberhard Abele, Uwe Heisel, Anton Dietmair, Philipp Eberspächer, Raphael Rahäuser, Sebastian Schrems, and Steffen Braun, *Modular Modeling of Energy Consumption for Monitoring and Control*, Glocalized Solutions for Sustainability in Manufacturing (Jürgen Hesselbach and Christoph Herrmann, eds.), Springer Berlin Heidelberg, Berlin, Heidelberg, 2011, pp. 341–346.

[VD10] A. Vijayaraghavan and D. Dornfeld, *Automated energy monitoring of machine tools*, CIRP Annals - Manufacturing Technology **59** (2010), no. 1, 21–24.

[Ver04] Verband der Automobilindustrie e.V. VDA, *Zuverlässigkeitssicherung bei Automobilherstellern und Lieferanten – Zuverlässigkeits-Methoden und -Hilfsmittel*, 3 ed., Qualitätsmanagement in der Automobilindustrie, vol. 2, Henrich Druck und Medien, 2004.

[VWA+11] Alexander Verl, Engelbert Westkämper, Eberhard Abele, Anton Dietmair, Jan Schlechtendahl, Jens Friedrich, Holger Haag, and Sebastian Schrems, *Architecture for Multilevel Monitoring and Control of Energy Consumption*, Glocalized Solutions for Sustainability in Manufacturing (Jürgen Hesselbach and Christoph Herrmann, eds.), Springer Berlin Heidelberg, Berlin, Heidelberg, 2011, pp. 347–352.

[Wec01] Manfred Weck, *Werkzeugmaschinen 5 - Messtechnische Untersuchung und Beurteilung, dynamische Stabilität*, 6., neu bearb. aufl. ed., Springer, March 2001.

[Wec05a] ———, *Werkzeugmaschinen 1 - Maschinenarten und Anwendungsbereiche*, 6., neu bearb. aufl. ed., Springer, August 2005.

[Wec05b] ———, *Werkzeugmaschinen 2 - Konstruktion und Berechnung*, 8., neu bearb. aufl. ed., Springer, October 2005.

[Wec06a] ———, *Werkzeugmaschinen 3: Mechatronische Systeme, Vorschubantriebe, Prozessdiagnose*, 6., neu bearb. aufl. ed., Springer, January 2006.

[Wec06b] ———, *Werkzeugmaschinen 4 - Automatisierung von Maschinen und Anlagen*, 6., neu bearb. aufl. ed., Springer, August 2006.

[WRSP11] Ken Wenzel, Jörg Riegel, Andreas Schlegel, and Matthias Putz, *Semantic Web Based Dynamic Energy Analysis and Forecasts in Manufacturing Engineering*, Glocalized Solutions for Sustainability in Manufacturing (Jürgen Hesselbach and Christoph Herrmann, eds.), Springer Berlin Heidelberg, Berlin, Heidelberg, 2011, pp. 507–512.

[WS09] Viktor Wesselak and Thomas Schabbach, *Energieeffizienz*, Springer, Berlin, 2009.

[Zir97] O. Zirn, *Einsparmöglichkeiten bei Werkzeugmaschinen - RAVEL im Maschinenbau*, Tech. Report 724.333 D, Schweizer Bundesamt für Konjunkturfragen, January 1997.

[ZLHK11] André Zein, Wen Li, Christoph Herrmann, and Sami Kara, *Energy Efficiency Measures for the Design and Operation of Machine Tools: An Axiomatic Approach*, Glocalized Solutions for Sustainability in Manufacturing (Jürgen Hesselbach and Christoph Herrmann, eds.), Springer Berlin Heidelberg, Berlin, Heidelberg, 2011, pp. 274–279.

FSC®
www.fsc.org
MIX
Papier | Fördert
gute Waldnutzung
FSC® C083411

Kolibri 360 GmbH
Ferdinand-Jühlke-Straße 7
99095 Erfurt, Deutschland
produktsicherheit@kolibri360.de

Werkzeugmaschinen sind für einen großen Teil des Energieverbrauchs in der Metallbearbeitung, dem Fahrzeugbau und dem Maschinenbau verantwortlich. Neben ihrem Beitrag zum Energiesparpotenzial der Fertigungsindustrie prägt der Energieverbrauch von Werkzeugmaschinen auch maßgeblich deren Total Cost of Ownership. Die Steigerung der Energieeffizienz von Werkzeugmaschinen ist daher auch ein wichtiger Faktor für die Senkung der Produktionskosten. Die bisherigen Entwicklungen im Bereich Energiemanagement von Werkzeugmaschinen haben ausschließlich das Monitoring und die Bewertung des Energieverbrauchs sowie die statische reaktive Ansteuerung (z. B. nach dem Timeout-Prinzip) von Maschinen erreicht. Eine nachhaltige Energieeffizienz dieser Maschinen ist jedoch nur möglich, wenn eine energiegerechte Maschinensteuerung, mithilfe einer Online-Optimierung, das energetische Verhalten der Maschine kontinuierlich an die sich ändernden Bedingungen im Betrieb anpasst.

Vor dem Hintergrund dieser Herausforderungen wurden im Rahmen dieser Arbeit Methoden und systematische Lösungsansätze untersucht und bereitgestellt, die eine Selbstoptimierung von Universal-Werkzeugmaschinen hinsichtlich der Energieeffizienz sowohl auf der Komponenten- als auch auf der Maschinenebene ermöglichen. Selbstoptimierende Systeme besitzen die Fähigkeit, autonom und flexibel auf sich ändernde Umweltbedingungen, Eingriffe des Benutzers oder Einwirkungen des Systems zu reagieren. Um dies zu realisieren, muss zunächst die Ist-Situation des Systems analysiert werden. Daraus abgeleitet werden Systemziele bestimmt und letztendlich das Systemverhalten angepasst.

Die Lösungsfindung für die gestellten Aufgaben basiert auf einer ersten Analyse des Problems, gefolgt von der Konzeption, der Umsetzung und der Validierung von zwei sich ergänzenden Selbstoptimierungssystemen, welche in die Steuerungs- und Leitebene integriert werden. Somit konnte ein Beitrag zur Senkung der Produktionskosten und zum nachhaltigen Einsatz von Werkzeugmaschinen geleistet werden.

ISBN 978-3-86359-107-6

9 783863 591076